# 姑山难选赤铁矿选矿研究

## 选矿研究

主编 钱士湖

安徽马钢矿业资源集团有限公司 组织编写

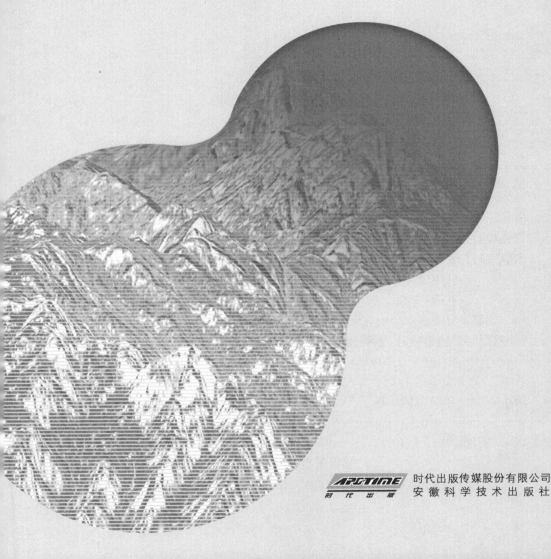

时代出版传媒股份有限公司
安徽科学技术出版社

**图书在版编目(CIP)数据**

姑山难选赤铁矿选矿研究 / 钱士湖主编. --合肥:安徽科学技术出版社,2022.7
ISBN 978-7-5337-6140-0

Ⅰ.①姑… Ⅱ.①钱… Ⅲ.①赤铁矿-难选矿石-选矿-研究-马鞍山 Ⅳ.①P578.4

中国版本图书馆 CIP 数据核字(2022)第 112374 号

GUSHAN NANXUAN CHITIEKUANG XUANKUANG YANJIU

**姑 山 难 选 赤 铁 矿 选 矿 研 究**　　　　主编　钱士湖

出 版 人:丁凌云　　　选题策划:李志成　　　责任编辑:李志成
责任校对:戚革惠　　　责任印制:梁东兵　　　装帧设计:王 艳
出版发行:安徽科学技术出版社　　　http://www.ahstp.net
　　　　　(合肥市政务文化新区翡翠路 1118 号出版传媒广场,邮编:230071)
　　　　　电话:(0551)63533330
印　　 制:安徽联众印刷有限公司　　 电话:(0551)65661327
(如发现印装质量问题,影响阅读,请与印刷厂商联系调换)

开本:710×1010　1/16　　　　印张:8　　　　字数:128 千
版次:2022 年 7 月第 1 版　　　2022 年 7 月第 1 次印刷

ISBN 978-7-5337-6140-0　　　　　　　　　定价:39.00 元

　　钢铁是国民经济发展的基础需求,是工程建设骨架性的材料。我国钢铁工业的产量占世界三分之一以上,虽然对铁矿石的需求带动了矿山发展,然而国内铁矿石供给远不能满足需求,目前国内铁矿石需求对外依存度过高。充分利用国内铁矿石资源是矿山人的责任,需要加强对国内难采难选矿石资源合理开发的研究。2000年以来,我国赤铁矿的选矿技术和装备都取得了长足进步,东北、山西等地区的赤铁矿选矿技术取得突破,为难选赤铁矿的选矿提供了新技术途径。江南地区的赤铁矿资源因其自然禀赋,选矿难以得到较理想的经济技术指标,一直是矿业人研究的难题,宁芜式赤铁矿石就属于这种类型,其中以姑山铁矿的矿石最具代表性。

　　姑山铁矿的矿石资源探明地质储量约为1.1亿t,姑山铁矿开采最早可追溯到民国初年。1912年,民营实业家在姑山矿区发现铁矿石并开采,此后经历了日本掠夺开采、国民党政府开采时期。新中国成立后,1954年姑山矿场成立并正式投产,1978年选矿厂建成投产。时至今日,历经约110年开采的姑山铁矿已结束露天开采阶段,尚有约7 000万t资源未被开采,因此实施露天转井下工程,姑山铁矿进入地下开采的新阶段。

　　姑山铁矿属岩浆期中温热液矿床,矿石以角砾状、致密块状为主,结构为粒状、浸染状和似斑状,硬度高、嵌布粒度细,是宁芜地区较典型的难磨难选赤铁矿。自1978年选矿厂建成投产以来,马钢矿业选矿技术人员从未停止过对提高选矿技术经济指标的研究和探索,始终坚持对新工艺、新技术、新设备的尝试和应用,先后经历了跳汰—阶段磨矿—强磁选—浮选、跳汰——段磨矿—螺旋溜槽—离心、跳汰—阶段磨矿—SQC—SLon、干式强磁选—阶段磨矿—SLon、干式强磁选—阶段磨矿—SLon等选矿流程,但由于资源禀赋制约,铁精矿质量提升甚微,与市场需求的高质量产品存在较大差距。

　　本书在介绍姑山赤铁矿各阶段生产工艺的技术指标、评述国内外赤铁矿选矿工艺和设备技术进步发展现状的基础上，分别介绍了 2017 年至 2021 年有关科研院所和自身所完成的试验研究成果，包括重磁浮选研究、磁化焙烧研究、混矿生产球团研究等，并提出了姑山铁矿露天转井下开采后的选矿工艺生产流程设想，在对姑山赤铁矿性质进一步深入分析的同时，提出了后续赤铁矿生产工艺和产品路线，为姑山赤铁矿高效利用提出了建设性的方向，对于今后进一步提高姑山赤铁矿的利用效率和经济指标具有重要的指导意义。

# 前言

　　姑山地区是长江中下游地区铁矿分布最集中的地区之一,探明地质储量近 4 亿 t,已知区域铁矿储量逾 6 亿 t。姑山铁矿主矿体为中温热液矿床,矿床最早于 20 世纪初被发现。1912 年民营企业实行手工开采,拣取富块矿。新中国成立后,1954 年 2 月姑山矿规划重建,但一直没有选矿厂。1971 年冶金部批准建设 100 万 t 规模的带有生产试验性的矿山后,选矿厂 1972 年才开始建设。姑山红矿以硬度大、难磨难选著称,自 1978 年选矿厂投产后,该厂就一直没有停止提高选矿技术经济指标的研究。

　　本书介绍了赤铁矿选矿发展过程及姑山赤铁矿生产工艺演变历程,总结了近年来从工艺矿物学研究到常规选矿试验研究,以及利用姑山磁铁矿精矿混合试验的研究成果,重点梳理了近五年的科研项目成果,汇编了 2017 年长沙矿冶研究院"姑山红矿开展提质研究"报告、2018 年东北大学"姑山红矿悬浮焙烧—磁选试验"报告、2019 年安徽工业大学与姑山矿共同开展的"马钢赤铁精配入磁精粉的球团生产新工艺开发研究"报告,以及马鞍山矿山研究院多年来对姑山红矿的研究报告、姑山矿业公司调整姑山精矿产品结构工艺技术研究报告等内容,提出了姑山露转井后的工艺生产流程设想、现阶段满足市场要求的技术路线及未来研究方向,以期为今后姑山赤铁矿提质研究和高效合理利用提供参考。

　　本书可供从事赤铁矿选矿工作的科研人员、生产技术人员参考。本书请姑山铁矿老一代选矿专家王重渝、杨庆林、谢金清等审阅并提出了宝贵意见,在此表示感谢!

编者

2022 年 6 月

# 1

## 赤铁矿选矿发展
## 概况与选矿工艺

## 1.1 赤铁矿选矿发展概况

我国铁矿资源具有"贫、细、杂、散"的特点,根据磁选分离效果,常把$-74\,\mu m$的赤铁矿和$-56\,\mu m$的磁铁矿称为细粒铁矿,而将$-45\,\mu m$的赤铁矿和$-30\,\mu m$的磁铁矿称为微细粒铁矿,将$-30\,\mu m$的赤铁矿称为极微细粒铁矿。赤铁矿资源占铁矿石半壁江山,我国氧化铁矿储量为 132 亿 t,居世界第四,但长期以来对贫赤铁矿石的利用能力较差,主要存在磨矿能耗高、强磁选精度不高、浮选分选效率低、浮选药剂消耗量偏大、赤铁矿选矿技术指标偏低、选矿成本高等问题。国内鞍山式细粒赤铁矿的选矿技术经济指标在 2000 年后取得较大突破,而其他类型细粒贫赤铁矿的选矿技术经济指标仍存在较大的提升空间。

随着经济发展及对铁矿石资源的大量开发,现在的贫铁矿石的平均采出铁品位已较 20 世纪 50 年代下降了约 10 个百分点,提高贫赤铁矿石的开发利用水平日益受到重视。事实上,从 20 世纪初期以来对红铁矿的利用研究就不断地深入。20世纪 50 年代初,赤铁矿的常规选矿工艺为重选,主要是针对粗粒赤铁矿的回收,重选设备以螺旋溜槽和跳汰机为主。20 世纪 50 年代至 60 年代,重选回收贫赤铁矿研究取得较好进展,开发出重介质溜槽、重介质旋流器等设备,赤铁矿最大块度可以达到 125 mm,同时也成功研发了复振跳汰机、大型圆形跳汰机、梯形跳汰机等一系列设备,其中梯形跳汰机处理$-12+6$ mm 赤铁矿选矿效果较好。近年来开发出圆锥选矿机、螺旋溜槽、皮带溜槽及离心选矿机等,将细粒赤铁矿的有效回收粒度下限从 0.074 mm 降低到 0.04 mm。有研究表明,离心选矿机对$+0.013$ mm 粒级的赤铁矿也有一定的回收能力,但回收精度受自动机构影响,指标不稳定。由于磁选设备的进步及自动化程度的提高,重选设备在选厂应用较少,但其具有简单、经济、无污染等特点,在矿石预选等工艺环节仍具有一定的经济价值。

我国是世界上最早应用焙烧磁选技术的国家之一,国内第一座焙烧竖炉于1924 年在鞍山地区建设。焙烧磁选成为 20 世纪鞍山式赤铁矿使用时间最长的选矿方法,现在仍然是酒泉钢铁公司选矿的主要工艺。然而焙烧磁选技术的投资大、生产成本高,对于粉矿不能很好地处理,在流膜化重选和强磁选发展起来后,一些选矿厂改造回到常规选矿工艺。对于镜铁山式和大西沟式复杂难选赤铁矿,在采用强磁选或重选工艺的同时,仍然应用焙烧磁选作为得到较好生产技术指标的工艺选择。为了提升焙烧磁选效率,余永富院士带领的团队在湖北黄梅建设了一个60万t规模的工业化闪速焙烧生产基地;东北大学以韩跃新教授为首的团队在辽宁朝阳建设了一个300~500 kg/h 半工业试验基地,并与酒泉钢铁公司合作建成一条165万t规模的悬浮焙烧生产线,目前两者均在正常生产。

在20世纪70年代以前,强磁选工艺主要用于回收粗粒级赤铁矿,以感应辊式磁选设备为主,进入选别的物料需要含水率低,存在电耗高、机子重量大、处理量小、回收粒度下限高等问题。1972年由英国研究发明,德国洪堡公司制造,巴西淡水河谷选厂首次工业生产应用了琼斯性湿式强磁选机,开创了赤铁矿强磁选新纪元,多层介质板的使用使得设备处理能力大幅度提高,赤铁矿回收粒度下限达到0.03 mm,自此强磁选得到大规模应用。1979年赣州有色金属研究所研制的SQC齿板型单盘强磁选机在铜禄山铁矿山等处得到应用,长沙矿冶研究院李明德教授团队研究出平环高梯度磁选机,对细粒赤铁矿的回收有较好效果。熊大和博士将磁力、脉动流体力和矿物自身的重力有机地结合起来,创新了高梯度磁选技术的结构设计与理论研究,发明了新一代立环脉动高梯度磁选技术,彻底解决了高梯度磁选技术的世界性技术难题。鞍山矿业赤铁矿的 SLon 脉动高梯度强磁选—浮选工艺流程结构成为提质降杂的一个工艺模式。目前大型化的 SLon - 5000 脉动高梯度强磁选机已走向世界。长沙矿冶研究院在 SHP 强磁选机基础上研制了 ZHI 多级组合分选强磁选机。永磁高性能磁材的发展,让磁选的强磁设备由永磁磁选取代电磁强磁选成为现实,梅山矿业也引进了美国伊利公司永磁强磁机。20世纪90年代长沙矿冶研究院曹志良等研制出的 PHMIS 永磁强磁选机在云南锰矿应用,1998年该型机在姑山粗粒红铁矿进行工业试验与生产考核单机考核,生产指标与跳汰指标相当,生产环节和岗位操作大为简化,国产永磁强磁选机在姑山铁矿率先应用。马鞍山矿山研究院等单位也研制出其他永磁强磁选矿设备。电磁选矿设备、永磁选矿设备的磁场强度进一步提高,对细粒级的回收效果进一步提升。

铁矿石浮选的研究起步后于二战后,面对磁选处理细粒铁矿石的困难,浮选有较大的优势。苏联、美国均是研究铁矿石浮选较早的国家,美国率先建立以脂肪酸为捕收剂的浮选厂。我国东鞍山选厂也于1958年应用正浮选处理赤铁矿,当时脂肪酸捕收剂的选择性较差,铁精矿品位难以大幅度提升。20世纪60年代开始研究应用胺类捕收剂进行反浮选,对于鞍山式铁矿石,胺类反浮选取得较好效果。姑山赤铁矿在选矿厂建设时设计的也是选择应用浮选,设计工艺为跳汰重选中矿—阶段磨选—笼式磁选—浮选,浮选的捕收剂为氧化石蜡皂。细泥对浮选是有害的,因此对脱泥浮选、选择性絮凝在具体工艺中的应用展开研究。长沙矿冶研究院对祁东微细粒浸染的赤-磁铁矿采用絮凝脱泥—弱磁选—离心选矿—再磨—絮凝脱泥工艺,是一个对微细粒铁矿石选择性絮凝处理的成功案例。1998 年鞍山齐大山应用弱磁选—强磁选—阴离子反浮选,既大量抛弃尾矿又脱出细泥,为反浮选创造了良好的条件,阴离子反浮选泡沫脆、流动性好,指标稳定。

## 1.2 赤铁矿选矿工艺流程

赤铁矿的选矿以联合工艺为主,主要包括以下几种选别流程:
(1)分级干式强磁选粗粒预选—磨矿—湿式细粒强磁选。
(2)重选—磁选或者磁选—重选。
(3)磁选—浮选。
(4)重选—浮选。
(5)焙烧—磁选—浮选。
(6)重选—磁选—浮选。

## 1.3 姑山选矿厂建设与选矿工艺流程的演变回顾

选矿厂筹建工作最早开始于 1958 年,由鞍山黑色冶金矿山设计研究院进行选矿试验和初步设计。姑山矿铁矿石硬度大,嵌布粒度粗细不均,属典型难磨难选的单一赤铁矿。推荐焙烧磁选流程,并建成矿区至宁芜铁路毛耳山站的准轨铁路专用线。1962 年停建,1971 年重新筹建,考虑到姑山赤铁矿难采难选的特性,冶金部批准建设 100 万 t 规模的带有生产试验性的矿山,改由马鞍山矿山研究院进行选矿试验,推荐以跳汰重选—强磁选—浮选联合流程作为建厂方案,由马鞍山钢铁设计研究院进行选矿厂设计,十七冶负责建厂。1972 年,龙山选矿厂设计时将矿石富铁集合体作为粗粒回收,实现磨矿前生产粗粒精矿,同时抛弃部分块尾矿。1975

年底,钓鱼山粗、中碎破碎场建成投产,开始生产一部分富块矿和富粉矿。1977 年 9 月,龙山细碎、跳汰选矿车间建成,姑山赤铁矿选矿厂投产,正式生产 6~12 mm 块精矿和 0~6 mm 粉精矿。1978 年,磨选主厂房投产。

姑山选矿厂自建成投产后,就一直开展赤铁矿的选矿工艺技术改造的研究。20 世纪 70 年代为 100 万 t 规模,选矿设计采用三段一闭路破碎—跳汰重选—中矿阶段磨矿—笼式强磁选—正浮选工艺,20 世纪 80 年代采用中碎—洗矿—闭路细碎—跳汰重选——段磨矿—螺旋溜槽—离心重选工艺,20 世纪 90 年代采用中碎—洗矿—闭路细碎—跳汰重选—阶段磨矿—SQC 强磁选—SLon 脉动高梯度强磁选工艺。2001 年,采用 SLon 脉动高梯度强磁选机取代 SQC 强磁机,PHMIS 准 300 mm×1 000 mm 双筒永磁强磁选机取代跳汰重选,工艺流程改造为中碎—洗矿—闭路细碎循环负荷中干式强磁选(中块)—干式强磁选(小块)—中矿阶段磨矿—SLon 脉动高梯度强磁选工艺,并沿用至今。在 2002—2005 年,姑山采场实施东南部(小姑山下部)强采,原矿入选品位高达 43%,矿石角砾状构造占有比例相应提高 40%~60%,在一段磨矿后 1 次强磁粗选前应用 LX2000 螺旋溜槽提前提取部分最终精矿。目前,姑山赤铁精矿 TFe 品位约为 57%,而且铁精矿磷含量较高(0.2%~0.4%),难以满足目前钢铁行业对原料的要求。

姑山赤铁矿各种流程生产技术指标见表 1-1,目前生产流程见图 1-1,主要工艺设备见表 1-2。

表 1-1　各种流程生产技术指标

| 序号 | 选矿流程 | 原矿品位/% | 块精矿/% | 粉精矿/% | 回收率/% |
|---|---|---|---|---|---|
| 1 | 跳汰—阶段磨—强磁—浮选 | 34.24 | 51.42 | 55.36 | 83.67 |
| 2 | 跳汰——段磨—螺溜—离心 | 37.42 | 50.44 | 52.46 | 74.05 |
| 3 | 跳汰—阶段磨—SQC—SLon | 38.81 | 52.84 | 57.54 | 74.93 |
| 4* | 干式强磁—阶段磨—SLon | 41.23 | 54.63 | 59.33 | 74.49 |
| 5 | 干式强磁—阶段磨—SLon | 39.36 | 48.51 | 56.76 | 77.58 |

注:* 为 1999—2004 年东南部强采期间,以小姑山矿石为主,原矿品位高,角砾状比例大。

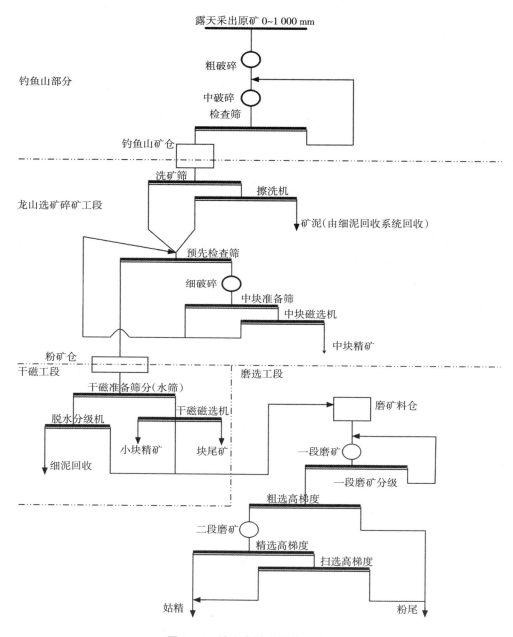

图 1－1　姑山赤铁矿目前生产流程

表 1-2 姑山精矿主要工艺装备

| 序号 | 设备/作业名称 | 设备规格型号 | 设备能力/(t/h) | 装机功率/(kW×台) |
|---|---|---|---|---|
| 1 | 粗碎 | PEJ 1200×1500 | 300~350 | 155×1 |
| 2 | 中碎 | PYB 2100 | 450~900 | 220×1 |
| 3 | 细碎 | PYD 1750 | 60~120 | 155×3 |
| 4 | 洗矿机 | CC 8400 | 80~100 | 15×2 |
| 5 | 干式强磁机 | PMHIS 300×1000 | 20~60 | 3×4 |
| | | PMHIS 600×1000 | 45~65 | 5.5×2 |
| 6 | 一段磨矿 | MQG 2736 | 27~32 | 400×3 |
| 7 | 二段磨矿 | MQG 2721 | 18~25 | 280×3 |
| 8 | 强磁粗选 | SLon-1750 | 30~50 | 11×3 |
| 9 | 强磁精选 | SLon-1750 | 30~50 | 11×2 |
| 10 | 强磁扫选 | SLon-1500 | 15~30 | 15×1 |
| 11 | 精矿过滤 | ZPG 72 | 45~60 | 18.5×2 |

# 2

## 姑山赤铁矿石工艺矿物学研究

## 2.1 姑山铁矿床

姑山地区是长江中下游地区铁矿分布最为集中的地区之一,探明地质储量近 4 亿 t,已知区域铁矿储量逾 6 亿 t。储量在亿吨以上的大型铁矿床有 2 个,目前生产矿山 3 座,地质总储量逾 2 亿 t。已探明的中大型后备矿山 2 座,地质总储量逾 2 亿 t。远景区资源还在勘探中。

姑山矿床处于下扬子凹陷区宁芜断陷中的当涂—姑山背斜末端,伴随燕山运动,有岩浆侵入接触带及其附近,矿体呈似窟窿状,长约 1 100 m,宽约 880 m。矿床成矿控制构造主要是 NNW 向短轴背斜,沿背斜轴部为安山岩—闪长岩类岩浆喷发侵入的基底破碎带,容矿构造主要是辉长闪长岩的侵入接触内带及其附近裂隙。辉长闪长岩体成矿前节理、裂隙发育,成矿后多断层,大小有 11 条。矿体周围主要侵入岩为辉长闪长岩,其次是闪长玢岩,前者近矿呈高岭土化、远离矿体呈碳酸岩化,后者几乎全部呈高岭土化。根据矿石中有用组分 Fe 和有害组分 P 含量,铁矿石划分为以下 6 种工业类型:①低 P 合格富矿($Fe_{1H}$);②高 P 合格富矿($PFe_{1H}$);③低 P 富矿($Fe_1$);④高 P 富矿($PFe_1$);⑤贫矿($Fe_2$);⑥表外矿($Fe_3$)。

## 2.2 矿石物质组成

考虑姑山矿床为单一赤铁矿,露天转井下开采区域为 $-148$ m 至 $-300$ m,姑山挂帮矿实际采矿已到 $-160$ m。为了能够在露天转井下工程同时进行选矿提质研究,本阶段试验代表性矿样采集于生产的姑山挂帮矿 $-160$ m 生产矿房,待露天转井下工程可以取样再考虑取样补充研究。

姑山赤铁矿石化学多元素、铁物相及矿物组成分析结果分别见表 2-1 至表 2-3。

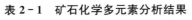

表 2-1 矿石化学多元素分析结果

| 成分 | 含量/% |
|---|---|
| TFe | 44.25 |
| FeO | 0.75 |
| $SiO_2$ | 24.6 |
| $Al_2O_3$ | 3.25 |
| CaO | 0.82 |
| MgO | 0.18 |
| S | 0.05 |
| P | 0.34 |
| 烧失量 | 3.45 |

表 2-2 矿石铁物相分析结果

| 铁物相 | 含量/% | 分布率/% |
|---|---|---|
| 赤铁矿中铁 | 37.73 | 84.55 |
| 磁铁矿中铁 | 1.16 | 2.61 |
| 褐铁矿中铁 | 4.76 | 10.66 |
| 菱铁矿中铁 | 0.20 | 0.44 |
| 硅酸铁 | 0.50 | 1.11 |
| 黄铁矿中铁 | 0.09 | 0.20 |
| 假象赤铁矿中铁 | 0.19 | 0.43 |
| 总铁 | 44.63 | 100.00 |

表 2-3 矿石矿物组成

| 矿物 | 含量/% |
|---|---|
| 磁铁矿 | 0.4 |
| 赤铁矿 | 43.4 |
| 褐铁矿 | 10.9 |
| 菱铁矿 | 2.2 |
| 磷灰石 | 3.3 |
| 石英 | 26.4 |
| 高岭石 | 12.4 |
| 其他 | 1.0 |

矿石中铁矿物主要是赤铁矿,其次为褐铁矿和少量的菱铁矿,此外还偶见磁铁矿和假象赤铁矿零星分布;脉石矿物主要为石英和高岭石,其次为磷灰石。

## 2.3 主要矿物的产出形式

### 2.3.1 氧化铁矿物

矿石中主要回收的氧化铁矿物包括赤铁矿和褐铁矿。赤铁矿形态变化较大,部分为不规则状,部分则为具磁铁矿晶体外形的等轴粒状,少数为片状或针状,粒度为 0.002～0.05 mm,沿部分赤铁矿边缘、粒间及裂隙可发生不同程度的褐铁矿化,蚀变强烈的部位,赤铁矿可呈微细的残余嵌布在褐铁矿中;褐铁矿形态极不规则,胶状结构可见,显微孔洞较为发育,常与赤铁矿混杂镶嵌。

总体来看,矿石中氧化铁矿物主要呈浸染状嵌布在脉石中,但根据集合体粒度及浸染的密集程度又可进一步分为三种形式:①呈致密团块状产出,集合体粒度粗者在 3.0 mm 左右,粒度 1.0～2.5 mm,但因粒间常夹杂大量粒度小于 0.02 mm 的微细不规则状脉石而使其粒度发生不同程度的细化;②呈密集程度较高的稠密～中等稠密浸染状分布,沿边缘及粒间多嵌布菱铁矿和石英、高岭石等脉石矿物,与交生矿物之间的接触界线常为多变的不规则状,局部甚至呈锯齿状、港湾状,以致构成极为复杂的镶嵌类型,粒度普遍较为细小,大部分粒度为 0.002～0.05 mm,少部分粒度为 0.05～0.4 mm;③呈稀疏～星散浸染状分布于脉石中,但出现的频率明显低于上述两种形式,而且常见于围岩夹石中,粒度为 0.002～0.15 mm。上述不同浸染密度的氧化铁矿物既可单独出现,也可共存于同一矿块中,数量上则以稠密～中等稠密浸染状居多,次为致密团块状,这两种形式产出的氧化铁矿物合计分布率约占 95%。

总体来看,矿石中氧化铁矿物浸染密集程度较高,部分集合体粒度较粗,预计在较粗的磨矿细度条件下即可获得较高品位的粗精矿。但由于氧化铁矿物粒间常充填大量微细粒不规则状的菱铁矿和脉石,特别是沿部分氧化铁矿物与脉石的接触界面可见数量众多的微粒磷灰石分布,或本身呈微粒状及微细的网脉状嵌布于脉石中,局部甚至与脉石构成极为复杂的镶嵌关系,因此预计需要对粗精矿进一步细磨才有可能获得合格的铁精矿产品。

赤铁矿和褐铁矿中 $Fe_2O_3$ 平均含量分别为 98.76% 和 84.95%;赤铁矿中普遍含有少量的 $V_2O_5$,平均含量为 0.40%,而 $SiO_2$ 和 $Al_2O_3$ 含量均极低且不含 P;褐铁矿中 $SiO_2$ 和 $Al_2O_3$ 含量分别为 3.52% 和 0.34%,特别是 $P_2O_5$ 的含量达 0.80%,显然褐铁矿也是矿石中 P 的赋存矿物之一,因此选矿过程中随着褐铁矿的富集,有可能导致铁精矿中 P 含量偏高。

### 2.3.2 菱铁矿

菱铁矿含量较低,主要呈不规则状沿氧化铁矿物粒间充填,粒度为 0.005~0.02 mm;矿石中菱铁矿虽含量低,但与氧化铁矿物镶嵌关系密切;矿石中菱铁矿除含 Fe 以外,还普遍含有少量的 MnO、MgO 和 CaO,平均含 FeO 为 57.22%。

### 2.3.3 磷矿物

矿石中磷的独立矿物主要为磷灰石,次为极少量的磷铝锶石。

磷灰石分布较为广泛,但极不均匀,在少数矿块中较为富集,部分呈粒状、不规则状、网脉状或结状集合体沿氧化铁矿物与脉石矿物的接触界面充填分布,部分则零星散布在脉石中,局部与氧化铁矿物一起出现于晚期石英脉中,粒度多在 —0.01 mm。

磷铝锶石粒度一般为 —0.01 mm,仅偶见于少数脉石中,与氧化铁矿物直接镶嵌者并不多见,由此预计对铁精矿的影响甚微;矿石中磷铝锶石平均含 $P_2O_5$ 为 28.17%。

磷矿物粒度极为细小,虽部分与氧化铁矿物的镶嵌关系较为紧密,但极少呈包裹体出现在氧化铁矿物晶粒中,因此需要通过细磨使其充分解离。

### 2.3.4 脉石矿物

矿石中主要脉石矿物为石英和高岭石。

石英为他形粒状,分布极为广泛,主要呈不规则状沿氧化铁矿物的边缘、粒间充填分布,与铁矿物的交生关系十分紧密。

高岭石为围岩夹石的主要组成矿物,集合体为不规则的团块状,少数集合体内部常见长石残余和微细的铁矿物分布;仅见于个别矿块中,主要沿氧化铁矿物的粒间、边缘或孔洞充填。

## 2.4 矿石的结构与构造

### 2.4.1 矿石的结构

姑山赤铁矿矿石主要包括自形-半自形板状结构、骸晶结构、似斑状结构及环带结构等。

(1)自形-半自形板状结构。矿石中部分赤铁矿仍保留了原磁铁矿自形、半自形等轴粒状的形态特征,少数呈片状或针状产出。

(2)骸晶结构。矿石中部分赤铁矿被褐铁矿、非金属矿物沿内部交代形成残骸,仍大致保留部分自形晶的外形轮廓,形成骸晶结构。

(3)似斑状结构。矿石中部分粗粒赤铁矿分布在细粒鳞片状赤铁矿中,形成似斑状结构。

(4)环带结构。个别矿块中可见少量褐铁矿呈胶状环带结构沿菱铁矿边缘分布。

### 2.4.2 矿石的构造

姑山赤铁矿石呈稠密浸染状构造、致密块状构造、松散状构造、次角砾状构造等。

(1)稠密浸染状构造。绝大部分氧化铁矿物呈粒度不均匀的集合体嵌布在脉石矿物中。

(2)致密块状构造。矿石中赤铁矿呈致密的粒状集合体,主要表现为赤铁矿呈体积含量在75%以上的集合体产出。

(3)松散状构造。矿石中部分为原矿石经风化和淋积作用后形成的疏松的矿物碎屑集合体,呈松散状构造。

(4)次角砾状构造。矿石的围岩呈角砾状被其他矿物集合体胶结,角砾呈浑圆形,形成次角砾状构造。

## 2.5 嵌布粒度

矿石中氧化铁矿物呈极不均匀微细粒嵌布。在－200目50％、65％、80％及－325目85％的细度条件下,氧化铁矿物的单体解离度分别仅为36.7％、44.3％、60.7％和67.6％。

# 3

# 姑山赤铁矿选矿
# 工艺研究

## 3.1 传统选别工艺研究

为了实现"能丢早丢""能收早收",依据矿石性质,长沙矿冶研究院分别进行了分级磁选—阶段磨矿—强磁选试验、强磁精矿浮选试验、重选试验及浮选试验。

### 3.1.1 分级磁选—阶段磨矿—强磁选试验

#### 3.1.1.1 分级磁选试验

为了探索采用最简单经济的工艺流程回收粗粒块矿的可行性,首先将原矿分别破碎至 $-35\,mm$、$-25\,mm$、$-12\,mm$、$-6\,mm$、$-3\,mm$,采用干式强磁选工艺进行磁感应强度、线速度条件试验,其中 $-12+6\,mm$ 及 $-6\,mm$ 粒级磁选试验结果分别见表 3-1、表 3-2。

表 3-1 $-12+6\,mm$ 分级产品干式强磁选试验结果

| 试验条件 | 产品 | 产率/% | | 品位/% | 回收率/% | |
| --- | --- | --- | --- | --- | --- | --- |
| | | 作业 | 原矿 | | 作业 | 原矿 |
| 线速度 1.57 m/s | 精矿 | 21.54 | 9.73 | 50.96 | 28.26 | 13.54 |
| 磁感应强度 0.85 T | 尾矿 | 78.46 | 35.46 | 35.51 | 71.74 | 34.37 |
| 挡板 15 mm | 给矿 | 100.00 | 45.19 | 38.84 | 100.00 | 47.90 |
| 线速度 1.73 m/s | 精矿 | 17.02 | 7.69 | 52.57 | 23.21 | 11.04 |
| 磁感应强度 0.85 T | 尾矿 | 82.98 | 37.50 | 35.68 | 76.79 | 36.52 |
| 挡板 15 mm | 给矿 | 100.00 | 45.19 | 38.55 | 100.00 | 47.55 |
| 线速度 1.73 m/s | 精矿 | 11.45 | 5.17 | 51.56 | 15.75 | 7.50 |
| 磁感应强度 0.85 T | 尾矿 | 88.55 | 40.02 | 36.74 | 84.25 | 40.13 |
| 挡板 13 mm | 给矿 | 100.00 | 45.19 | 38.43 | 100.00 | 47.63 |

表 3-2 $-6\,mm$ 分级产品湿式强磁选试验结果

| 试验条件 | 产品 | 产率 | | 品位/% | 回收率 | |
| --- | --- | --- | --- | --- | --- | --- |
| | | 作业 | 原矿 | | 作业 | 原矿 |
| 转速 0.65 m/s | 精矿 | 60.21 | 33.00 | 47.69 | 83.03 | 42.95 |
| 磁感应强度 0.85 T | 尾矿 | 39.79 | 21.81 | 14.75 | 16.97 | 8.78 |
| 挡板 10 mm | 给矿 | 100.00 | 54.81 | 34.58 | 100.00 | 51.73 |

续表

| 试验条件 | 产品 | 产率 | | 品位/% | 回收率 | |
|---|---|---|---|---|---|---|
| | | 作业 | 原矿 | | 作业 | 原矿 |
| 转速 0.92 m/s | 精矿 | 60.09 | 32.94 | 47.04 | 81.98 | 42.28 |
| 磁感应强度 0.85 T | 尾矿 | 39.91 | 21.87 | 15.57 | 18.02 | 9.29 |
| 挡板 10 mm | 给矿 | 100.00 | 54.81 | 34.48 | 100.00 | 51.58 |
| 转速 1.10 m/s | 精矿 | 59.57 | 32.65 | 47.74 | 81.85 | 42.54 |
| 磁感应强度 0.85 T | 尾矿 | 40.43 | 22.16 | 15.60 | 18.15 | 9.43 |
| 挡板 10 mm | 给矿 | 100.00 | 54.81 | 34.75 | 100.00 | 51.98 |

由表 3-1、表 3-2 可知，-12+6 mm 的干式强磁选精矿品位为 51%～52.5%，精矿产率为 5%～9%；分级后-6 mm 的产品通过 1 次湿式强磁选可以抛出作业产率为 40% 的尾矿，同时尾矿品位较低(14.75%～15.60%)。

#### 3.1.1.2　阶段磨矿—强磁选试验

(1)一段磨矿细度试验

在粗粒条件下难以获得较高品位的铁精矿，故分别以 SHP 强磁选机和 SLon-100 强磁选机为磁选设备开展细磨强磁选试验。针对-3 mm 原矿进行一段磨矿细度试验，结果分别见表 3-3、表 3-4。

表 3-3　一段磨矿细度试验结果(SHP 强磁选机)

| 磨矿细度(-0.074 mm) | 产品/% | 产率/% | 铁品位/% | 铁回收率/% | 试验其他条件 |
|---|---|---|---|---|---|
| 45 | 精矿 | 61.51 | 51.00 | 86.95 | |
| | 尾矿 | 38.49 | 12.23 | 13.05 | |
| | 给矿 | 100.00 | 36.08 | 100.00 | |
| 50 | 精矿 | 59.47 | 52.22 | 85.90 | 磁感应强度 1.0 T |
| | 尾矿 | 40.53 | 12.58 | 14.10 | 冲洗水量 0.35 L/s |
| | 给矿 | 100.00 | 36.15 | 100.00 | 给矿浓度 25% |
| 65 | 精矿 | 58.37 | 52.94 | 84.94 | |
| | 尾矿 | 41.63 | 13.16 | 15.06 | |
| | 给矿 | 100.00 | 36.38 | 100.00 | |

续表

| 磨矿细度(－0.074 mm) | 产品/% | 产率/% | 铁品位/% | 铁回收率/% | 试验其他条件 |
|---|---|---|---|---|---|
| 70 | 精矿 | 56.86 | 53.00 | 83.18 | 磁感应强度1.0T 冲洗水量0.35 L/s 给矿浓度25% |
| | 尾矿 | 43.14 | 14.12 | 16.82 | |
| | 给矿 | 100.00 | 36.23 | 100.00 | |
| 80 | 精矿 | 56.37 | 53.36 | 82.60 | |
| | 尾矿 | 43.63 | 14.52 | 17.40 | |
| | 给矿 | 100.00 | 36.41 | 100.00 | |

表 3－4  一段磨矿细度试验结果(SLon－100 强磁选机)

| 磨矿细度(－0.074 mm) | 产品/% | 产率/% | 铁品位/% | 铁回收率/% | 试验其他条件 |
|---|---|---|---|---|---|
| 42 | 精矿 | 60.38 | 50.21 | 84.01 | 磁感应强度1.0T 冲洗水量0.3 L/s 给矿浓度25% |
| | 尾矿 | 39.62 | 14.56 | 15.99 | |
| | 给矿 | 100.00 | 36.08 | 100.00 | |
| 50 | 精矿 | 59.25 | 50.79 | 82.99 | |
| | 尾矿 | 40.75 | 15.14 | 17.01 | |
| | 给矿 | 100.00 | 36.26 | 100.00 | |
| 65 | 精矿 | 57.88 | 51.56 | 81.92 | |
| | 尾矿 | 42.12 | 15.64 | 18.08 | |
| | 给矿 | 100.00 | 36.43 | 100.00 | |

由表 3－3、表 3－4 可知,以 SHP 强磁选机或 SLon－100 强磁选机为磁选设备,提高磨矿细度,可使精矿铁品位升高、铁回收率降低。综合考虑,确定适宜的磨矿细度为－0.074 mm 50%。

(2)磁感应强度试验

在磨矿细度为－0.074 mm 50%的条件下,分别以 SHP 强磁选机和SLon－100 强磁选机为磁选设备开展磁感应强度试验,结果分别见表 3－5、表 3－6。

表 3-5 磁感应强度试验结果(SHP 强磁选机)

| 磁感应强度/T | 产品 | 产率/% | 铁品位/% | 铁回收率/% |
|---|---|---|---|---|
| 0.7 | 精矿 | 52.98 | 53.81 | 78.03 |
| | 尾矿 | 47.02 | 17.07 | 21.97 |
| | 给矿 | 100.00 | 36.54 | 100.00 |
| 0.9 | 精矿 | 57.52 | 52.86 | 83.45 |
| | 尾矿 | 42.48 | 14.20 | 16.55 |
| | 给矿 | 100.00 | 36.44 | 100.00 |
| 1.0 | 精矿 | 59.78 | 52.33 | 86.01 |
| | 尾矿 | 40.22 | 12.65 | 13.99 |
| | 给矿 | 100.00 | 36.37 | 100.00 |
| 1.2 | 精矿 | 61.63 | 50.90 | 86.88 |
| | 尾矿 | 38.37 | 12.35 | 13.12 |
| | 给矿 | 100.00 | 36.11 | 100.00 |

表 3-6 磁感应强度试验结果(SLon-100 强磁选机)

| 磁感应强度/T | 产品 | 产率/% | 铁品位/% | 铁回收率/% |
|---|---|---|---|---|
| 0.9 | 精矿 | 59.51 | 51.45 | 82.97 |
| | 尾矿 | 40.49 | 15.52 | 17.03 |
| | 给矿 | 100.00 | 36.90 | 100.00 |
| 1.0 | 精矿 | 59.25 | 50.79 | 82.99 |
| | 尾矿 | 40.75 | 15.14 | 17.01 |
| | 给矿 | 100.00 | 36.26 | 100.00 |
| 1.2 | 精矿 | 60.51 | 50.75 | 84.15 |
| | 尾矿 | 39.49 | 14.65 | 15.85 |
| | 给矿 | 100.00 | 36.49 | 100.00 |

由表 3-5、3-6 可知,以 SHP 强磁选机或 SLon-100 强磁选机为磁选设备,磁感应强度增大,可使精矿铁品位降低、铁回收率升高。当磁感应强度较小时,精矿品位相对较高,但尾矿的产率和品位都较高,对铁回收率损失较大。因此,确定适宜的磁感应强度为 1.0 T。

（3）一段强磁粗精矿生产试验

在冲洗水量 0.35 L/s、给矿浓度 25% 的条件下，进行了一段强磁粗精矿生产试验，结果见表 3-7。

表 3-7　一段强磁粗精矿生产试验结果

| 试验条件 | 产品 | 产率/% | 品位/% | | 回收率/% | |
|---|---|---|---|---|---|---|
| | | | TFe | P | TFe | P |
| 磨矿细度−0.074 mm 50% 磁感应强度 1.0 T | 精矿 | 61.06 | 51.53 | 0.36 | 86.46 | 31.40 |
| | 尾矿 | 38.94 | 12.65 | 1.23 | 13.54 | 68.60 |
| | 给矿 | 100.00 | 36.39 | 0.70 | 100.00 | 100.00 |
| 磨矿细度−0.074 mm 55% 磁感应强度 1.2 T | 精矿 | 63.30 | 50.83 | 0.39 | 88.54 | 35.27 |
| | 尾矿 | 36.70 | 11.35 | 1.23 | 11.46 | 64.73 |
| | 给矿 | 100.00 | 36.34 | 0.70 | 100.00 | 100.00 |

对−0.074 mm 50% 的一段强磁粗精矿进行粒度筛析，结果见表 3-8。

表 3-8　一段粗精矿粒度筛析结果

| 粒级/mm | 产率/% | | TFe/% | |
|---|---|---|---|---|
| | 个别 | 负累积 | 个别 | 负累积 |
| +0.30 | 2.22 | 100.00 | 50.81 | 50.35 |
| −0.30+0.18 | 17.44 | 97.78 | 50.34 | 50.90 |
| −0.18+0.10 | 30.44 | 80.34 | 51.02 | 50.90 |
| −0.10+0.075 | 10.78 | 49.89 | 50.84 | 51.44 |
| −0.075+0.045 | 15.33 | 39.11 | 51.60 | 51.51 |
| −0.045+0.038 | 3.07 | 23.78 | 51.45 | 55.27 |
| −0.038 | 20.72 | 20.72 | 55.81 | 55.81 |
| 合计 | 100.00 | | 51.97 | 50.35 |

（4）二段磨矿细度试验

为了进一步提高强磁粗精矿品位，对 0.074 mm 50% 一段强磁粗精矿在磁感应强度为 1.0 T 的条件下，进行了二段磨矿细度试验，试验结果见表 3-9。

表 3-9  二段磨矿细度试验结果

| 磨矿细度 | 产品 | 产率/% | 铁品位/% | 铁回收率/% |
|---|---|---|---|---|
| −0.074 mm 60% | 精矿 | 91.50 | 54.56 | 95.06 |
| | 尾矿 | 8.50 | 30.54 | 4.94 |
| | 给矿 | 100.00 | 52.52 | 100.00 |
| −0.074 mm 70% | 精矿 | 89.61 | 54.89 | 93.79 |
| | 尾矿 | 10.39 | 31.32 | 6.21 |
| | 给矿 | 100.00 | 52.44 | 100.00 |
| −0.074 mm 80% | 精矿 | 86.98 | 55.38 | 91.90 |
| | 尾矿 | 13.02 | 32.61 | 8.10 |
| | 给矿 | 100.00 | 52.42 | 100.00 |
| −0.074 mm 87% | 精矿 | 85.64 | 55.67 | 90.99 |
| | 尾矿 | 14.36 | 32.88 | 9.01 |
| | 给矿 | 100.00 | 52.40 | 100.00 |
| −0.045 mm 75% | 精矿 | 79.50 | 56.27 | 85.31 |
| | 尾矿 | 20.50 | 37.56 | 14.69 |
| | 给矿 | 100.00 | 52.43 | 100.00 |
| −0.045 mm 85% | 精矿 | 75.63 | 57.01 | 82.28 |
| | 尾矿 | 24.37 | 38.11 | 17.72 |
| | 给矿 | 100.00 | 52.40 | 100.00 |
| −0.038 mm 95% | 精矿 | 69.73 | 58.01 | 76.96 |
| | 尾矿 | 30.27 | 40.01 | 23.04 |
| | 给矿 | 100.00 | 52.56 | 100.00 |

由表 3-9 可知,磨矿细度从 −0.074 mm 60% 逐步提高到 −0.038 mm 95%,精矿铁品位从 54.56% 升高到 58.01%,作业产率从 91.50% 下降到 69.73%。尽管精矿铁品位提升较明显,但尾矿铁品位也较高。

在磨矿细度为 −0.045 mm 85% 的条件下,进行了磁感应强度试验,结果见表 3-10。

表 3-10　磁感应强度试验结果(磨矿细度－0.045 mm 85%)

| 磁感应强度/T | 产品 | 产率/% | 铁品位/% | 铁回收率/% |
|---|---|---|---|---|
| 1.3 | 精矿 | 77.72 | 55.60 | 85.80 |
| | 尾矿 | 22.28 | 32.10 | 14.20 |
| | 给矿 | 100.00 | 50.36 | 100.00 |
| 1.6 | 精矿 | 80.60 | 55.04 | 88.17 |
| | 尾矿 | 19.40 | 30.69 | 11.83 |
| | 给矿 | 100.00 | 50.32 | 100.00 |
| 1.8 | 精矿 | 82.80 | 54.64 | 89.61 |
| | 尾矿 | 17.20 | 30.50 | 10.39 |
| | 给矿 | 100.00 | 50.49 | 100.00 |
| 2.0 | 精矿 | 83.29 | 54.58 | 89.93 |
| | 尾矿 | 16.71 | 30.47 | 10.07 |
| | 给矿 | 100.00 | 50.55 | 100.00 |

　　由表 3-10 可知,提高磁感应强度能够有效提高精矿回收率,但是尾矿铁品位仍相对较高。为了进一步提高作业回收率,采用 SHP 强磁选机进行双盘作业(1 粗 1 扫),上盘磁感应强度为 1.3 T,下盘磁感应强度为 2.0 T,结果见表 3-11。

表 3-11　SHP 强磁选机盘数试验结果

| 磁感应强度/T | 产品 | 产率/% | 铁品位/% | 铁回收率/% |
|---|---|---|---|---|
| 双盘:<br>上盘1.3<br>下盘2.0 | 精矿 1 | 78.68 | 55.23 | 85.41 |
| | 精矿 2 | 7.43 | 50.85 | 7.42 |
| | 尾矿 | 13.90 | 26.24 | 7.17 |
| | 给矿 | 100.00 | 50.88 | 100.00 |
| 单盘:<br>2.0 | 精矿 | 83.29 | 54.58 | 89.93 |
| | 尾矿 | 16.71 | 30.47 | 10.07 |
| | 给矿 | 100.00 | 50.55 | 100.00 |

　　由表 3-11 可知,通过双盘磁选最终精矿(精矿 1＋精矿 2)铁品位为 54.85%,铁回收率为 92.83%,精矿铁品位相较于单盘磁选精矿变化不大,但是精矿回收率

有较大的提升。

### 3.1.1.3 分级磁选—阶段磨矿—强磁选流程试验

对−12 mm原矿进行分级磁选—阶段磨矿—强磁选流程试验,数质量流程见图3−1。

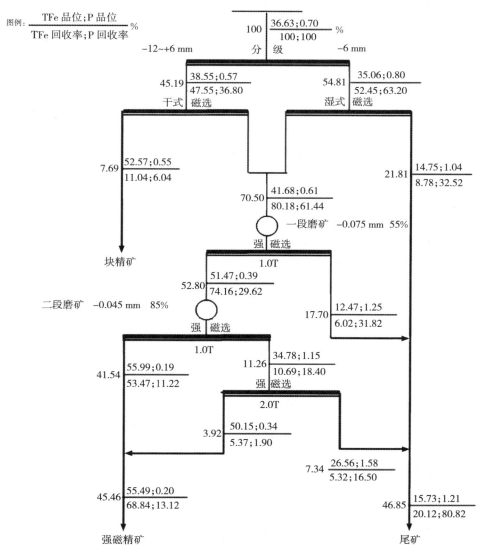

**图3−1 −12 mm原矿分级磁选—阶段磨矿—强磁选试验数质量流程**

### 3.1.2 强磁精矿浮选试验

#### 3.1.2.1 强磁精矿单一浮选

由于矿石性质较为复杂,铁矿嵌布粒度粗细不均匀,强磁选难以获得铁品位大于60%的铁精矿。为进一步提高精矿铁品位至60%以上,对不同细度的强磁精矿开展了阳离子反浮选、阴离子反浮选、正浮选试验研究,结果分别见表3-12至表3-14。

表 3-12  二段强磁精矿阳离子反浮选试验结果

| 试验条件 | 产品 | 产率/% | 铁品位/% | 铁回收率/% |
|---|---|---|---|---|
| −0.074 mm 80%<br>NaOH 800 g/t<br>SD 300 g/t<br>YA-20 500 g/t | 精矿 | 84.36 | 55.65 | 84.75 |
| | 尾矿 | 15.64 | 54.01 | 15.25 |
| | 给矿 | 100.00 | 55.39 | 100.00 |
| −0.045 mm 85%<br>SD 600 g/t<br>YA-20 500 g/t | 精矿 | 63.99 | 57.64 | 65.71 |
| | 尾矿 | 36.01 | 53.45 | 34.29 |
| | 给矿 | 100.00 | 56.13 | 100.00 |

表 3-13  二段强磁精矿阴离子反浮选试验结果

| 试验条件 | 产品 | 产率/% | 铁品位/% | 铁回收率/% |
|---|---|---|---|---|
| −0.074 mm 80%<br>NaOH 800 g/t<br>SD 400 g/t<br>CaO 200 g/t<br>CY-57  1000 g/t | 精矿 | 73.83 | 56.40 | 75.68 |
| | 中矿 | 7.17 | 54.44 | 7.09 |
| | 尾矿 | 19.00 | 49.89 | 17.23 |
| | 给矿 | 100.00 | 55.02 | 100.00 |
| −0.045 mm 85%<br>NaOH 800 g/t<br>SD 1 100 g/t<br>CaO 400 g/t<br>CY-78  1 300+650 g/t | 精矿 | 30.75 | 62.02 | 33.78 |
| | 中矿 | 4.37 | 55.78 | 4.32 |
| | 尾矿 | 64.87 | 53.88 | 61.90 |
| | 给矿 | 100.00 | 56.47 | 100.00 |

| 试验条件 | 产品 | 产率/% | 铁品位/% | 铁回收率/% |
|---|---|---|---|---|
| −0.045 mm 85% | 精矿 | 39.31 | 61.36 | 42.36 |
| NaOH 800 g/t | 中矿 | 1.39 | 53.37 | 1.31 |
| SD 1 100 g/t | 尾矿 | 59.30 | 54.10 | 56.33 |
| CaO 400 g/t | | | | |
| CY-78 1 100+550 g/t | 给矿 | 100.00 | 56.94 | 100.00 |

表 3-14 二段强磁精矿正浮选试验结果

| 试验条件 | 产品 | 产率/% | 铁品位/% | 铁回收率/% |
|---|---|---|---|---|
| −0.074 mm 80% | 精矿 | 35.04 | 58.47 | 36.82 |
| $H_2SO_4$ 400 g/t | 尾矿 | 64.96 | 54.11 | 63.18 |
| 石油磺酸 1 000 g/t | 给矿 | 100.00 | 55.64 | 100.00 |
| −0.074 mm 80% | 精矿 | 24.00 | 58.75 | 25.45 |
| $Na_2SiF_6$ 2 000 g/t | 尾矿 | 76.00 | 54.35 | 74.55 |
| 石油磺酸 1 000 g/t | 给矿 | 100.00 | 55.41 | 100.00 |

通过对比不同的浮选工艺可以发现,阳离子反浮选和正浮选在不同细度条件下都难以获得较高品位的铁精矿,且尾矿品位普遍较高,分选效率较差;而阴离子反浮选在−0.045 mm 85%的条件下可以得到 61%～62% 的浮选铁精矿,但精矿产率及回收率较低,且尾矿品位偏高,需要进一步优化。

### 3.1.2.2 强磁精矿脱泥—浮选试验研究

为进一步查明粒度对浮选的影响,分别采用−0.075 mm 50%的一段强磁精矿和−0.074 mm 80%的二段强磁精矿进行强磁精矿—再磨—脱泥—反浮选试验,试验以 FA 为絮凝剂、NaOH 为分散剂,在 pH 为 9 时进行脱泥试验,脱泥沉砂后再进行阴离子反浮选试验,浮选药剂制度为 NaOH 800 g/t、SD 800 g/t、CaO 400 g/t、粗选 CY-78 800 g/t、精选 CY-78 400 g/t。试验结果见表 3-15、表 3-16。

表 3-15　一段强磁精矿再磨脱泥反浮选试验结果

| 试验条件 | 产品 | 产率/% | 铁品位/% | 铁回收率/% |
|---|---|---|---|---|
| −0.020 mm 88%<br>NaOH 1 000 g/t<br>FA 1 000 g/t | 精矿 | 45.22 | 60.97 | 53.01 |
| | 中矿 | 2.92 | 54.99 | 3.09 |
| | 尾矿 | 19.24 | 43.19 | 15.97 |
| | 矿泥 | 32.62 | 44.53 | 27.93 |
| | 给矿 | 100.00 | 52.01 | 100.00 |
| −0.020 mm 88%<br>WG 1 000 g/t<br>SD 40 g/t | 精矿 | 23.33 | 61.22 | 27.39 |
| | 中矿 | 9.39 | 58.18 | 10.47 |
| | 尾矿 | 37.22 | 51.32 | 36.63 |
| | 矿泥 | 30.06 | 44.26 | 25.51 |
| | 给矿 | 100.00 | 52.15 | 100.00 |
| −0.020 mm 95%<br>NaOH 1 000 g/t<br>FA 1 000 g/t | 精矿 | 36.86 | 63.82 | 45.51 |
| | 中矿 | 3.33 | 54.99 | 3.54 |
| | 尾矿 | 23.28 | 45.26 | 20.39 |
| | 矿泥 | 36.53 | 43.25 | 30.56 |
| | 给矿 | 100.00 | 51.69 | 100.00 |

表 3-16　二段强磁精矿再磨脱泥反浮选试验结果

| 试验条件 | 产品 | 产率/% | 铁品位/% | 铁回收率/% |
|---|---|---|---|---|
| 脱泥：<br>−0.020 mm 95%<br>NaOH 1 000 g/t<br>FA 1 000 g/t<br>浮选：<br>NaOH 800 g/t<br>SD 800 g/t<br>CaO 400 g/t<br>CY-78　800+400 g/t | 精矿 | 46.28 | 64.23 | 52.83 |
| | 中矿 | 3.89 | 56.51 | 3.90 |
| | 尾矿 | 23.14 | 49.26 | 20.26 |
| | 矿泥 | 26.69 | 48.50 | 23.00 |
| | 给矿 | 100.00 | 56.27 | 100.00 |

续表

| 试验条件 | 产品 | 产率/% | 铁品位/% | 铁回收率/% |
|---|---|---|---|---|
| 脱泥:<br>—0.020 mm 95%<br>NaOH 1 000 g/t<br>FA 2 000 g/t<br>浮选:<br>NaOH 800 g/t<br>SD 800 g/t<br>CaO 400 g/t<br>CY-78  800+400 g/t | 精矿 | 60.00 | 63.16 | 67.26 |
| | 中矿 | 1.36 | 55.62 | 1.34 |
| | 尾矿 | 16.83 | 46.30 | 13.83 |
| | 矿泥 | 21.81 | 45.37 | 17.57 |
| | 给矿 | 100.00 | 56.34 | 100.00 |

由表 3-15 可知,当一段强磁精矿细磨至—0.020 mm 95%时,经过脱泥—反浮选,可以获得铁品位为 63.82%的浮选铁精矿,说明提高磨矿细度有利于铁矿物的单体解离。同时对比使用 FA+NaOH 脱泥和 WG+SD 脱泥的效果,可见在脱泥量和矿泥品位相差不大的条件下,FA+NaOH 组合脱泥反浮选指标较好,精矿产率较高,铁回收率较高。

由表 3-16 可知,当二段强磁精矿细磨至—0.020 mm 95%时,经脱泥反浮选,可以获得产率为 46.28%、铁品位为 64.23%的铁精矿。

### 3.1.2.3  反浮选条件试验

以强磁精矿(—0.045 mm 85%)为浮选给矿,进行 1 粗 1 精反浮选条件试验,具体流程见图 3-2。

(1)NaOH 用量试验

在 SD 用量为 900 g/t、CaO 用量为 400 g/t、CY-78 粗选用量为 1 100 g/t、CY-78 精选用量为 300 g/t 的条件下,NaOH 用量试验结果见表 3-17。

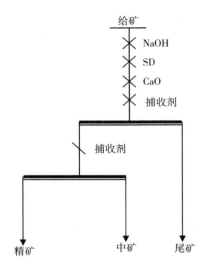

图 3-2 反浮选条件试验流程

表 3-17 NaOH 用量试验结果

| NaOH 用量/(g/t) | 产品 | 产率/% | 铁品位/% | 铁回收率/% |
|---|---|---|---|---|
| 600 | 精矿 | 33.55 | 60.29 | 36.97 |
| | 中矿 | 6.76 | 55.94 | 6.91 |
| | 尾矿 | 59.69 | 51.44 | 56.12 |
| | 给矿 | 100.00 | 54.71 | 100.00 |
| 800 | 精矿 | 33.07 | 60.47 | 36.55 |
| | 中矿 | 3.99 | 54.80 | 4.00 |
| | 尾矿 | 62.94 | 51.67 | 59.45 |
| | 给矿 | 100.00 | 54.70 | 100.00 |
| 1000 | 精矿 | 31.36 | 60.54 | 34.73 |
| | 中矿 | 3.73 | 54.64 | 3.73 |
| | 尾矿 | 64.91 | 51.82 | 61.54 |
| | 给矿 | 100.00 | 54.66 | 100.00 |
| 1200 | 精矿 | 31.18 | 60.63 | 34.55 |
| | 中矿 | 3.66 | 54.34 | 3.63 |
| | 尾矿 | 65.16 | 51.90 | 61.81 |
| | 给矿 | 100.00 | 54.71 | 100.00 |

由表 3-17 可知,随着 NaOH 用量的增大,浮选精矿产率逐渐降低,但精矿铁品位小幅上升,铁回收率逐渐降低。当 NaOH 用量为 800 g/t 时,精矿铁品位为 60.47%,铁回收率为 36.55%;继续增大 NaOH 用量至 1 000 g/t 时,精矿产率和回收率降低明显。综合考虑,适宜的 NaOH 用量为 800 g/t。

(2)SD 用量试验

在 NaOH 用量为 900 g/t、CaO 用量为 400 g/t、CY-78 粗选用量为 1 100 g/t、CY-78 精选用量为 300 g/t 的条件下,SD 用量试验结果见表 3-18。

表 3-18 SD 用量试验结果

| SD 用量/(g/t) | 产品 | 产率/% | 铁品位/% | 铁回收率/% |
|---|---|---|---|---|
| 700 | 精矿 | 26.50 | 60.96 | 29.61 |
| | 中矿 | 7.86 | 56.35 | 8.12 |
| | 尾矿 | 65.63 | 51.77 | 62.27 |
| | 给矿 | 100.00 | 54.57 | 100.00 |
| 900 | 精矿 | 33.07 | 60.47 | 36.55 |
| | 中矿 | 3.99 | 54.80 | 4.00 |
| | 尾矿 | 62.94 | 51.67 | 59.45 |
| | 给矿 | 100.00 | 54.70 | 100.00 |
| 1 100 | 精矿 | 37.34 | 60.29 | 41.31 |
| | 中矿 | 5.68 | 54.41 | 5.67 |
| | 尾矿 | 56.98 | 50.72 | 53.03 |
| | 给矿 | 100.00 | 54.50 | 100.00 |
| 1 300 | 精矿 | 37.83 | 59.87 | 41.63 |
| | 中矿 | 6.07 | 54.23 | 6.05 |
| | 尾矿 | 56.10 | 50.74 | 52.32 |
| | 给矿 | 100.00 | 54.41 | 100.00 |

由表 3-18 可知,随着 SD 用量的增加,浮选精矿的产率和铁回收率逐渐上升,同时精矿铁品位逐渐降低。当 SD 用量为 1 100 g/t 时,精矿铁品位为 60.29%、铁回收率为 41.31%;继续增加 SD 用量,精矿铁品位小于 60%,且回收率增加不明显。因此,确定适宜的 SD 用量为 1 100 g/t。

（3）CaO 用量试验

在 NaOH 用量为 800 g/t、SD 用量为 1 100 g/t、CY-78 粗选用量为 1 100 g/t、CY-78 精选用量为 300 g/t 的条件下，CaO 用量试验结果见表 3-19。

表 3-19　CaO 用量试验结果

| CaO 用量/(g/t) | 产品 | 产率/% | 铁品位/% | 铁回收率/% |
|---|---|---|---|---|
| 200 | 精矿 | 58.14 | 57.60 | 61.87 |
| | 中矿 | 2.21 | 55.78 | 2.28 |
| | 尾矿 | 39.65 | 48.95 | 35.85 |
| | 给矿 | 100.00 | 54.13 | 100.00 |
| 300 | 精矿 | 58.21 | 58.47 | 62.52 |
| | 中矿 | 1.99 | 54.68 | 1.99 |
| | 尾矿 | 39.80 | 48.54 | 35.49 |
| | 给矿 | 100.00 | 54.44 | 100.00 |
| 400 | 精矿 | 37.25 | 60.21 | 41.03 |
| | 中矿 | 3.17 | 53.35 | 3.09 |
| | 尾矿 | 59.58 | 51.27 | 55.88 |
| | 给矿 | 100.00 | 54.67 | 100.00 |
| 500 | 精矿 | 30.17 | 60.70 | 33.58 |
| | 中矿 | 3.97 | 53.70 | 3.91 |
| | 尾矿 | 65.86 | 51.75 | 62.51 |
| | 给矿 | 100.00 | 54.53 | 100.00 |
| 600 | 精矿 | 22.88 | 61.52 | 25.83 |
| | 中矿 | 4.52 | 54.74 | 4.54 |
| | 尾矿 | 72.60 | 52.27 | 69.64 |
| | 给矿 | 100.00 | 54.50 | 100.00 |

由表 3-19 可知，CaO 用量对浮选效果的影响较大，随着 CaO 用量的增加，精矿产率显著降低，同时精矿铁品位逐渐升高；CaO 用量较低时，精矿产率较高，但铁品位小于 60%。综合考虑，确定适宜的 CaO 用量为 400 g/t。

（4）磨矿细度试验

在 NaOH 用量为 800 g/t、SD 用量为 1100 g/t、CaO 用量为 400 g/t、CY-78 粗选用量为 1100 g/t、CY-78 精选用量为 300 g/t 的条件下,磨矿细度试验结果见表 3-20。

表 3-20　磨矿细度试验结果

| 磨矿细度 | 产品 | 产率/% | 铁品位/% | 铁回收率/% |
| --- | --- | --- | --- | --- |
| -0.074 mm 95% | 精矿 | 34.03 | 57.44 | 36.67 |
| | 中矿 | 3.69 | 54.26 | 3.76 |
| | 尾矿 | 62.28 | 51.00 | 59.57 |
| | 给矿 | 100.00 | 53.31 | 100.00 |
| -0.045 mm 75% | 精矿 | 29.61 | 59.74 | 32.66 |
| | 中矿 | 5.14 | 56.51 | 5.37 |
| | 尾矿 | 65.25 | 51.44 | 61.98 |
| | 给矿 | 100.00 | 54.16 | 100.00 |
| -0.045 mm 85% | 精矿 | 37.25 | 60.21 | 41.03 |
| | 中矿 | 3.17 | 53.35 | 3.09 |
| | 尾矿 | 59.58 | 51.27 | 55.88 |
| | 给矿 | 100.00 | 54.67 | 100.00 |
| -0.038 mm 95% | 精矿 | 31.45 | 62.36 | 35.30 |
| | 中矿 | 4.18 | 57.76 | 4.34 |
| | 尾矿 | 64.37 | 52.11 | 60.36 |
| | 给矿 | 100.00 | 55.57 | 100.00 |
| -0.030 mm 90% | 精矿 | 36.02 | 62.56 | 40.19 |
| | 中矿 | 6.48 | 59.24 | 6.84 |
| | 尾矿 | 57.50 | 51.66 | 52.97 |
| | 给矿 | 100.00 | 56.08 | 100.00 |

由表 3-20 可知,磨矿细度的增加有助于提高精矿铁品位,当磨矿细度为 -0.045 mm 85% 时,精矿铁品位达到 60.21%,但精矿产率和铁回收率均较低。因此,确定对 -0.045 mm 85% 二段强磁精矿直接进行阴离子反浮选。

结合浮选探索试验可知,对磁选精矿进行脱泥,能显著改善浮选指标,因此后续对细度为－0.045 mm 85％的二段强磁精矿进行脱泥—反浮选工艺优化试验。

### 3.1.2.4 脱泥—反浮选试验

(1)捕收剂种类试验

前期浮选探索试验表明:以 FA 为絮凝剂、NaOH 为分散剂对强磁精矿进行絮凝沉降脱泥,能有效提高浮选指标。因此,通过添加 FA 2000 g/t、NaOH 2000 g/t,矿浆搅拌 5 min,沉降 30 min,抽出上层矿泥,然后将矿泥再沉降 30 min,抽出矿泥,2 次沉砂混合进行浮选试验,结果见表 3－21。

表 3－21 不同捕收剂脱泥—反浮选试验结果

| 浮选药剂制度/(g/t) | 产品 | 产率/% | 铁品位/% | 铁回收率/% |
|---|---|---|---|---|
| NaOH 800<br>SD 1 100<br>CaO 400<br>CY－78 1 100＋300 | 精矿 | 33.20 | 60.96 | 37.32 |
| | 中矿 | 2.26 | 55.15 | 2.30 |
| | 尾矿 | 59.40 | 51.13 | 56.01 |
| | 矿泥 | 5.14 | 46.13 | 4.37 |
| | 给矿 | 100.00 | 54.23 | 100.00 |
| NaOH 800<br>SD 1 100<br>CaO 400<br>CY－78 900＋300 | 精矿 | 37.02 | 61.70 | 41.82 |
| | 中矿 | 8.50 | 55.41 | 8.63 |
| | 尾矿 | 49.39 | 50.03 | 45.25 |
| | 矿泥 | 5.09 | 46.13 | 4.30 |
| | 给矿 | 100.00 | 54.61 | 100.00 |
| NaOH 800<br>SD 1 100<br>CaO 400<br>CY－20 1 100＋300 | 精矿 | 40.27 | 62.76 | 46.16 |
| | 中矿 | 2.65 | 57.77 | 2.80 |
| | 尾矿 | 50.82 | 49.67 | 46.10 |
| | 矿泥 | 6.27 | 43.21 | 4.95 |
| | 给矿 | 100.00 | 54.75 | 100.00 |
| NaOH 800<br>SD 1 100<br>CaO 400<br>CY－20 800＋300 | 精矿 | 42.33 | 62.04 | 48.17 |
| | 中矿 | 1.64 | 57.91 | 1.75 |
| | 尾矿 | 51.05 | 48.99 | 45.87 |
| | 矿泥 | 4.98 | 46.13 | 4.21 |
| | 给矿 | 100.00 | 54.52 | 100.00 |

由表 3-21 可知,强磁精矿脱泥后,反浮选指标明显高于不脱泥的,精矿铁品位和铁回收率均有较明显提升。对比捕收剂 CY-20 和 CY-78 的结果,在用量为 1100+300 g/t 的情况下,使用捕收剂 CY-78 可以获得铁品位 60.96%、铁回收率 37.32% 的铁精矿;使用捕收剂 CY-20 可以获得铁品位 62.76%、铁回收率 46.16% 的铁精矿。因此,后续试验选择 CY-20 为反浮选的捕收剂。

(2)沉降时间试验

在 FA 2000 g/t、NaOH 2000 g/t、矿浆搅拌 5 min,浮选药剂为 NaOH 800 g/t、SD 1100 g/t、CaO 400 g/t 以及 CY-20 粗选 500 g/t、精选 300 g/t,磨矿细度为 −0.045 mm 85% 的条件下,不同沉降时间脱泥—反浮选试验结果见表 3-22。

表 3-22　不同沉降时间脱泥—反浮选试验

| 沉降时间/min | 产品 | 产率/% | 铁品位/% | 铁回收率/% |
|---|---|---|---|---|
| 15 | 精矿 | 48.82 | 60.95 | 54.79 |
| | 中矿 | 1.34 | 55.56 | 1.37 |
| | 尾矿 | 41.70 | 47.68 | 36.61 |
| | 矿泥 | 8.14 | 48.21 | 7.22 |
| | 给矿 | 100.00 | 54.31 | 100.00 |
| 30 | 精矿 | 52.25 | 60.89 | 58.13 |
| | 中矿 | 1.33 | 55.56 | 1.35 |
| | 尾矿 | 41.20 | 47.99 | 36.12 |
| | 矿泥 | 5.23 | 46.13 | 4.40 |
| | 给矿 | 100.00 | 54.73 | 100.00 |
| 60 | 精矿 | 54.13 | 60.69 | 60.48 |
| | 中矿 | 2.63 | 53.69 | 2.60 |
| | 尾矿 | 41.24 | 47.01 | 35.69 |
| | 矿泥 | 2.00 | 33.66 | 1.24 |
| | 给矿 | 100.00 | 54.32 | 100.00 |

由表 3-22 可知,随着絮凝沉降时间的增加,脱除的矿泥的产率和铁品位显著降低,同时对反浮选精矿的铁品位影响不大。因此,选择沉降时间为 60 min。

进一步对脱除的矿泥进行化学成分分析,结果见表 3-23。

表 3 - 23  絮凝脱泥矿泥化学成分分析结果

| 产品 | 各成分含量/% | | | |
|------|------|------|------|------|
| | TFe | P | SiO$_2$ | Al$_2$O$_3$ |
| 矿泥 | 33.66 | 0.45 | 23.84 | 9.70 |

结合表 3 - 23 及原矿工艺矿物学分析结果可知,矿泥中 SiO$_2$ 和 Al$_2$O$_3$ 含量较高,说明泥中高岭石含量较高。

（3）CY - 20 用量试验

在磨矿细度为 -0.045 mm 85%,NaOH 用量为 800 g/t、SD 用量为 1 100 g/t、CaO 用量为 400 g/t 的条件下,对脱泥后的沉砂进行 CY - 20 用量试验,结果见表 3 - 24。

表 3 - 24  捕收剂用量反浮选试验结果

| 捕收剂用量/(g/t) | 产品 | 产率/% | 铁品位/% | 铁回收率/% |
|------|------|------|------|------|
| 400+300 | 精矿 | 59.61 | 60.29 | 65.48 |
| | 中矿 | 3.62 | 52.39 | 3.46 |
| | 尾矿 | 36.76 | 46.38 | 31.06 |
| | 给矿 | 100.00 | 54.89 | 100.00 |
| 500+300 | 精矿 | 55.23 | 60.69 | 61.23 |
| | 中矿 | 2.68 | 53.69 | 2.63 |
| | 尾矿 | 42.08 | 47.01 | 36.14 |
| | 给矿 | 100.00 | 54.75 | 100.00 |
| 600+300 | 精矿 | 49.32 | 61.57 | 54.97 |
| | 中矿 | 2.00 | 54.98 | 1.99 |
| | 尾矿 | 48.68 | 48.84 | 43.04 |
| | 给矿 | 100.00 | 55.24 | 100.00 |
| 800+300 | 精矿 | 44.55 | 62.04 | 50.29 |
| | 中矿 | 1.73 | 57.91 | 1.82 |
| | 尾矿 | 53.72 | 48.99 | 47.89 |
| | 给矿 | 100.00 | 54.96 | 100.00 |

由表 3-24 可知,随着捕收剂用量的增大,精矿铁品位逐渐升高,而产率和铁回收率逐渐下降。综合考虑,确定适宜的 CY-20 用量为 500+300 g/t,该条件下精矿铁品位为 60.69%,铁回收率为 61.23%。

(4)CaO 用量试验

在磨矿细度为 -0.045 mm 85%,NaOH 用量为 800 g/t,SD 用量为 1 100 g/t,CY-20 粗选用量为 500 g/t、精选用量为 300 g/t 的条件下,对脱泥后的沉砂进行 CaO 用量试验,结果见表 3-25。

表 3-25 CaO 用量试验结果

| CaO 用量/(g/t) | 产品 | 产率/% | 铁品位/% | 铁回收率/% |
|---|---|---|---|---|
| 300 | 精矿 | 61.54 | 59.69 | 66.94 |
| | 中矿 | 2.31 | 52.93 | 2.23 |
| | 尾矿 | 36.15 | 46.80 | 30.83 |
| | 给矿 | 100.00 | 54.87 | 100.00 |
| 400 | 精矿 | 55.23 | 60.69 | 61.23 |
| | 中矿 | 2.68 | 53.69 | 2.63 |
| | 尾矿 | 42.08 | 47.01 | 36.14 |
| | 给矿 | 100.00 | 54.75 | 100.00 |
| 500 | 精矿 | 46.52 | 61.47 | 51.70 |
| | 中矿 | 7.31 | 54.60 | 7.21 |
| | 尾矿 | 46.17 | 49.23 | 41.09 |
| | 给矿 | 100.00 | 55.32 | 100.00 |
| 600 | 精矿 | 41.51 | 62.51 | 47.14 |
| | 中矿 | 8.82 | 55.94 | 8.96 |
| | 尾矿 | 49.67 | 48.64 | 43.90 |
| | 给矿 | 100.00 | 55.04 | 100.00 |

由表 3-25 可知,CaO 的用量对浮选精矿的指标影响较大。随着 CaO 用量的升高,精矿铁品位从 59.69% 升高到 62.51%,但铁回收率从 66.94% 降低到 47.14%。在保证精矿铁品位的条件下,确定适宜的 CaO 用量为 400 g/t。

（5）SD 用量试验

在磨矿细度为－0.045 mm 85％、NaOH 用量为 800 g/t、CaO 用量为 400 g/t、CY－20 粗选用量为 500 g/t 及精选用量为 300 g/t 的条件下，对脱泥后的沉砂进行 SD 用量试验，结果见表 3－26。

表 3－26　SD 用量试验结果

| SD 用量/(g/t) | 产品 | 产率/% | 铁品位/% | 铁回收率/% |
|---|---|---|---|---|
| 700 | 精矿 | 45.24 | 62.05 | 51.04 |
| | 中矿 | 4.36 | 55.10 | 4.37 |
| | 尾矿 | 50.40 | 48.65 | 44.59 |
| | 给矿 | 100.00 | 54.99 | 100.00 |
| 900 | 精矿 | 48.32 | 61.56 | 54.08 |
| | 中矿 | 4.12 | 53.47 | 4.00 |
| | 尾矿 | 47.56 | 48.48 | 41.92 |
| | 给矿 | 100.00 | 55.01 | 100.00 |
| 1 100 | 精矿 | 55.23 | 60.69 | 61.23 |
| | 中矿 | 2.68 | 53.69 | 2.63 |
| | 尾矿 | 42.08 | 47.01 | 36.14 |
| | 给矿 | 100.00 | 54.75 | 100.00 |
| 1 300 | 精矿 | 56.51 | 59.89 | 61.56 |
| | 中矿 | 3.61 | 53.47 | 3.51 |
| | 尾矿 | 39.89 | 48.14 | 34.93 |
| | 给矿 | 100.00 | 54.97 | 100.00 |

由表 3－26 可知，随着 SD 用量的增加，精矿铁品位逐渐降低，铁回收率逐渐升高。综合考虑，确定适宜的 SD 用量为 1 100 g/t。

### 3.1.2.5　浮选闭路试验

在开路试验的基础上，分别对－0.045 mm 85％二段强磁精矿和－0.030 mm 85％二段强磁精矿进行了 1 粗 1 精 3 扫、中矿顺序返回的浮选闭路试验，结果见图 3－3、图 3－4。

图例：$\dfrac{\text{TFe 品位；P 品位}}{\text{TFe 回收率；P 回收率}}$%

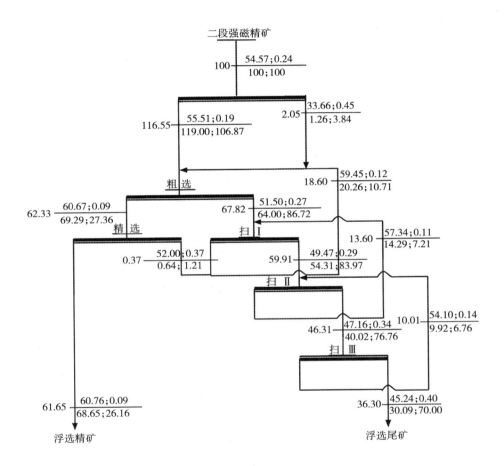

图 3-3 二段强磁精矿(−0.045 mm 85％)脱泥—反浮选数质量流程

图例：$\dfrac{\text{TFe 品位；P 品位}}{\text{TFe 回收率；P 回收率}}$ ％

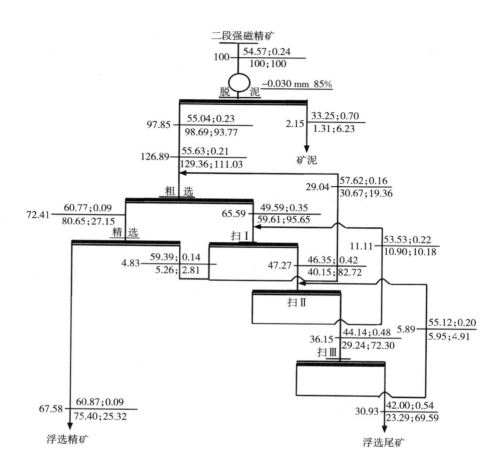

图 3-4　二段强磁精矿（－0.030 mm 85％）脱泥—反浮选数质量流程

### 3.1.2.6 浮选尾矿再磨再选试验

由工艺矿物学分析结果可知,该矿石在 $-0.045\,\mathrm{mm}$ $85\%$ 细度条件下单体解离度仅为 $63.70\%$,这导致浮选尾矿铁品位始终偏高。为此,针对浮选尾矿进行再磨再选,在细磨至 $-0.030\,\mathrm{mm}$ $85\%$ 后,进行强磁选试验,磁感应强度为 $2.0\,\mathrm{T}$,结果见表 3-27。

**表 3-27 浮选尾矿再磨—强磁选试验结果**

| 产品 | 作业产率/% | 品位/% | | 作业回收率/% | |
|---|---|---|---|---|---|
| | | TFe | P | TFe | P |
| 精矿 | 87.22 | 48.42 | 0.30 | 93.35 | 64.64 |
| 尾矿 | 12.78 | 23.55 | 1.12 | 6.65 | 35.36 |
| 给矿 | 100.00 | 45.24 | 0.40 | 100.00 | 100.00 |

对强磁精矿进行絮凝脱泥试验,脱泥药剂制度为 FA 2kg/t、NaOH 2kg/t。搅拌 5 min,沉降 30 min,脱除矿泥,然后将矿泥再沉降 30 min,抽出矿泥,2 次沉砂混合。浮选尾矿再磨脱泥试验结果见表 3-28。

**表 3-28 浮选尾矿再磨脱泥试验结果**

| 脱泥药剂制度 /(g/t) | 产品 | 作业产率/% | 品位/% | | 作业回收率/% | |
|---|---|---|---|---|---|---|
| | | | TFe | P | TFe | P |
| FA 2 000 | 精矿 | 92.42 | 49.69 | 0.28 | 94.85 | 86.78 |
| | 尾矿 | 7.58 | 32.89 | 0.52 | 5.15 | 13.22 |
| NaOH 2 000 | 给矿 | 100.00 | 48.42 | 0.30 | 100.00 | 100.00 |

将脱泥的沉砂再进行 1 粗 1 精反浮选试验,结果见表 3-29。

**表 3-29 浮选尾矿再磨反浮选试验结果**

| 脱泥药剂制度 /(g/t) | 产品 | 作业产率/% | 品位/% | | 作业回收率/% | |
|---|---|---|---|---|---|---|
| | | | TFe | P | TFe | P |
| NaOH 800 | 精矿 | 29.93 | 60.50 | 0.083 | 36.43 | 8.95 |
| SD 1 100 | 中矿 | 5.24 | 53.55 | 0.12 | 5.64 | 2.26 |
| CaO 400 | 尾矿 | 64.84 | 44.39 | 0.38 | 57.92 | 88.79 |
| CY-20 500+300 | 给矿 | 100.0 | 49.69 | 0.28 | 100.00 | 100.00 |

结合表 3-27 至表 3-29 可知,浮选尾矿细磨至 $-0.030\,\mathrm{mm}$ $85\%$,经强磁选—脱泥—反浮选后,可以获得 TFe 品位 $60.50\%$、对原矿产率为 $4.81\%$、对原矿

回收率为 8.00％的铁精矿。

### 3.1.3 全流程试验

—12 mm 分级预选—阶磨阶选—强磁精矿脱泥—阴离子反浮选数质量流程见图 3-5。

## 3.2 姑山赤铁矿选矿提质试验研究

### 3.2.1 技术路线与试验内容

根据矿石性质拟定技术路线为细筛—强磁选—筛上再磨再选流程,试样为姑山精矿,为姑山选矿厂 2019 年生产线的滤饼。

试验包括以下几方面内容:①原矿粒度分析;②磨矿条件试验;③筛孔尺寸条件试验;④筛下产品强磁选磁场强度试验;⑤筛上产品磨后再选试验。

### 3.2.2 试样、试验设备及流程

现场分 3 次取姑精滤饼样,对来样进行晾晒、过筛、混匀、缩分取样,分析知试样的 TFe 为 57.46％,粒度为—0.074 mm 68.31％。

试验所用设备见表 3-30,试验流程见图 3-6。

表 3-30 试验所用设备

| 编号 | 设备名称与规格 | 台数 | 用途 |
| --- | --- | --- | --- |
| 1 | XMQL $\phi240 \times 90$ 锥形球磨机 | 1 | 磨矿 |
| 2 | 30 L 搅拌桶 | 1 | 矿浆搅拌 |
| 3 | GPSⅡ600 mm 高频振动细筛 | 2 | 筛分 |
| 4 | 立式砂泵 | 1 | 输送矿浆 |
| 5 | SQC 强磁选机 | 1 | 磁选试验用机 |
| 6 | GM/XTLZ 真空过滤机 | 2 | 过滤 |
| 7 | 电热鼓风恒温干燥箱 | 2 | 烘干 |
| 8 | 标准筛 | 1 套 | 筛分 |

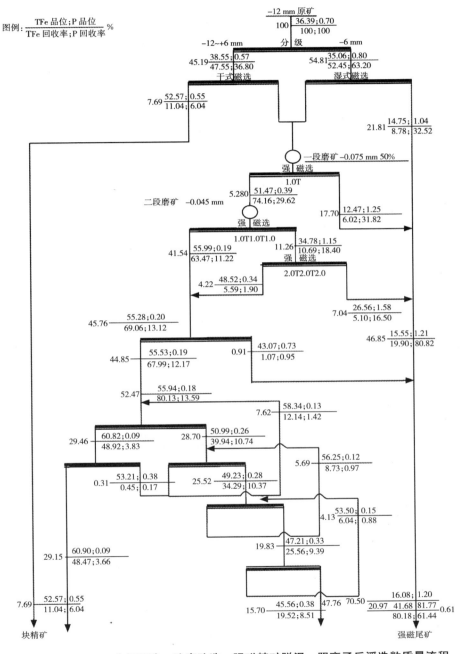

**图 3-5  －12mm 分级预选—阶磨阶选—强磁精矿脱泥—阴离子反浮选数质量流程**

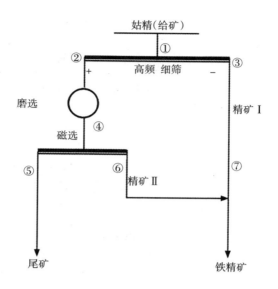

**图 3-6 试验流程取样点布置及流程示意**

（图中①～⑦化验 TFe 品位,测定细度和矿量）

## 3.2.3 姑精选矿试验研究

### 3.2.3.1 试样粒度分析

试样粒度筛析结果见表 3-31。

**表 3-31 试样粒度筛析结果**

| 粒级/mm | 产率/% | | 铁品位/% | 铁分布率/% |
| --- | --- | --- | --- | --- |
| | 个别 | 负累积 | | |
| +0.1 | 14.75 | 100 | 51.56 | 13.24 |
| -0.1+0.074 | 17.57 | 85.25 | 57.15 | 17.47 |
| -0.074+0.05 | 14.9 | 67.68 | 59.79 | 15.5 |
| -0.05+0.038 | 15.33 | 52.78 | 59.16 | 15.78 |
| -0.038 | 37.45 | 37.45 | 59.95 | 39.08 |
| 合计 | 100.00 | | 57.46 | 100.00 |

### 3.2.3.2 磨矿条件试验

筛上矿样进行磨矿条件试验,实验室锥形球磨机容积为 6 250 cm³,钢球介质总体积为 1 392.12 cm³。在球磨机给矿量为 300 g、磨矿时间为 3 min 的条件下,磨矿产品－0.074 mm 含量与磨矿浓度的关系见表 3-32;在球磨机给矿量为 300 g、磨矿浓度为 70％ 的条件下,磨矿产品－0.074 mm 含量与磨矿时间的关系见表 3-33。

表 3-32 磨矿浓度试验结果

| 磨矿浓度/％ | 磨矿产品－0.074 mm 含量/％ |
| --- | --- |
| 40 | 53.97 |
| 50 | 57.56 |
| 60 | 62.00 |
| 65 | 63.73 |
| 70 | 64.24 |
| 75 | 61.89 |
| 80 | 36.66 |

表 3-33 磨矿时间试验结果

| 磨矿时间/min | 磨矿产品－0.074 mm 含量/％ |
| --- | --- |
| 3.0 | 64.39 |
| 4.0 | 79.24 |
| 4.5 | 85.58 |
| 5.0 | 89.66 |
| 6.0 | 93.11 |
| 9.0 | 99.53 |

由表 3-32、表 3-33 可知,磨矿浓度为 70％ 时,磨矿产品细度最细;磨矿时间越长,磨矿细度越细。因此,确定适宜的磨矿浓度为 70％,磨矿时间为 4.5 min。

### 3.2.3.3 磁选条件试验

筛上产品经过磨矿得到磨矿产品,均匀分成 8 份,每份 30 g,调配成浓度为 5％ 的矿浆,进行 SQC 磁选磁感应强度试验,结果见表 3-34。

表 3-34　SQC 磁选磁感应强度试验

| 磁感应强度/mT | 精矿铁品位/% | 尾矿铁品位/% | 精矿产率/% | 精矿铁回收率/% |
|---|---|---|---|---|
| 700 | 59.64 | 34.94 | 73.93 | 81.67 |
| 800 | 58.08 | 33.54 | 80.11 | 86.33 |
| 900 | 57.77 | 30.75 | 83.09 | 89.29 |
| 1 000 | 57.62 | 27.92 | 85.12 | 91.42 |
| 1 100 | 57.93 | 26.25 | 85.07 | 91.95 |

由表 3-34 可知,随着磁感应强度增大,精矿产率逐渐增大、铁品位逐渐降低、铁回收率增大。综合考虑,确定适宜的磁感应强度为 800 mT。

### 3.2.3.4　实验室扩大稳定试验

根据实验室探索试验结果,进行模拟现场生产的实验室扩大稳定试验。第一阶段进行现场生产流程验证扩大稳定试验(流程 1),工艺流程为姑精—细筛(筛孔尺寸 0.12 mm)—强磁选—筛上再磨再选;第二阶段跟第一阶段试验工艺流程一样,但高频细筛筛孔尺寸更换为 0.09 mm。

试验矿样 40 kg,用搅拌桶调配成浓度为 25% 的矿浆,再使用渣浆泵送至 DXF1004 高频细筛筛分,筛上产物进球磨机磨矿,磨矿后产品经 SQC 磁选,得到精矿 1 与高频细筛筛下物(精矿 2),二者混合为最终铁精矿,SQC 磁选尾矿为最终尾矿。流程 1 和流程 2 扩大稳定试验主要产品细度和品位检测结果见表 3-35 和表 3-36。

表 3-35　流程 1(筛孔尺寸为 0.12 mm)主要产品细度和品位检测结果

| 序号 | 产品 | -0.074 mm 含量/% | TFe 品位/% |
|---|---|---|---|
| 1 | 给矿 | 68.31 | 57.46 |
| 2 | 细筛筛上 | 11.80 | 50.01 |
| 3 | 细筛筛下(精矿 1) | 92.73 | 58.46 |
| 4 | 磨矿排矿 | 85.58 | 50.01 |
| 5 | SQC 精矿(精矿 2) | | 55.20 |
| 6 | SQC 尾矿 | | 25.37 |

表3-36　流程2(筛孔尺寸为0.09mm)主要产品细度和品位检测结果

| 序号 | 产品 | −0.074mm含量/% | TFe品位/% |
|---|---|---|---|
| 1 | 给矿 | 68.31 | 57.46 |
| 2 | 细筛筛上 | 26.30 | 53.70 |
| 3 | 细筛筛下(精矿1) | 94.36 | 59.45 |
| 4 | 磨矿排矿 | 86.02 | 53.70 |
| 5 | SQC精矿(精矿2) | | 58.52 |
| 6 | SQC尾矿 | | 28.64 |

根据流程1、流程2扩大稳定试验指标计算数质量流程,结果见图3-7和图3-8。

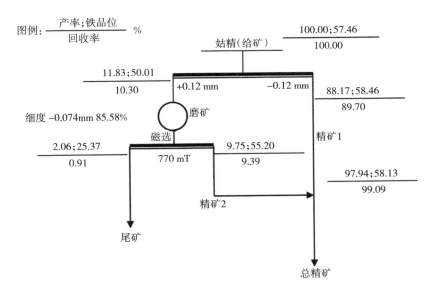

图3-7　流程1扩大试验数质量流程

流程1扩大稳定试验高频细筛筛分质效率的计算:

$$E = \frac{100 \times (68.31 - 11.8) \times (92.73 - 68.31)}{68.31 \times (92.73 - 11.8) \times (100 - 68.31)} \times 100\% = 78.77\%$$

流程2扩大稳定试验高频细筛筛分质效率的计算:

$$E = \frac{100 \times (68.31 - 26.3) \times (94.36 - 68.31)}{68.31 \times (94.36 - 26.3) \times (100 - 68.31)} \times 100\% = 74.287\%$$

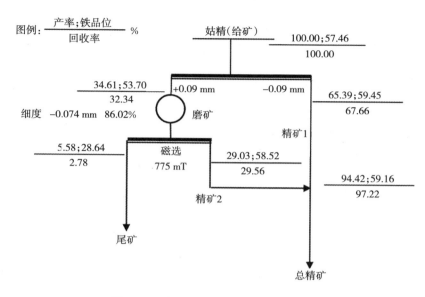

**图 3 - 8  流程 2 扩大试验数质量流程**

### 3.2.3.5 产品筛析

对流程 1、流程 2 所获得的筛下铁精矿产品进行粒级筛析,结果见表 3 - 37、表 3 - 38。

**表 3 - 37  流程 1 筛下产品粒级筛析结果**

| 粒级/mm | 产率/% | | 铁品位/% | 铁分布率/% |
|---|---|---|---|---|
| | 个别 | 负累积 | | |
| +0.1 | 7.27 | 100.00 | 53.73 | 6.66 |
| −0.1+0.074 | 16.01 | 92.73 | 56.78 | 15.50 |
| −0.074+0.05 | 18.15 | 76.72 | 59.01 | 18.26 |
| −0.05+0.038 | 14.18 | 58.57 | 60.60 | 14.65 |
| −0.038 | 44.39 | 44.39 | 59.79 | 45.26 |
| 合计 | 100.00 | | 58.64 | 100.00 |

表 3-38  流程 2 筛下产品粒级筛析结果

| 粒级/mm | 产率/% | | 铁品位/% | 铁分布率/% |
|---|---|---|---|---|
| | 个别 | 负累积 | | |
| +0.1 | 0.05 | 100.00 | 45.42 | 0.04 |
| -0.1+0.074 | 5.59 | 99.95 | 57.39 | 5.40 |
| -0.074+0.05 | 19.00 | 94.36 | 58.62 | 18.75 |
| -0.05+0.038 | 19.73 | 75.36 | 59.53 | 19.77 |
| -0.038 | 55.64 | 55.64 | 59.85 | 56.05 |
| 合计 | 100.00 | | 59.41 | 100.00 |

## 3.2.4  结  论

(1)终精矿铁品位与细筛筛孔尺寸成正向关系,筛网尺寸变大后,原矿中低品位粗粒连生体进入筛下,总精矿铁品位随之降低,生产现场可根据铁精矿质量要求选择适宜的高频细筛筛孔尺寸进行改造。

(2)姑精—细筛(筛孔尺寸为 0.09 mm)—强磁选—筛上再磨再选扩大试验流程为推荐流程,采用此流程可得到铁品位为 59.16%、铁回收率为 97.22% 的铁精矿,铁品位提高了 1.70 个百分点。结果表明,针对姑精中低品位粗粒连生体进行再磨再选,在最终铁精矿回收率变化不大的情况下,可实现生产中提质降杂的目的。

# 4

## 姑山赤铁矿悬浮
## 焙烧—分选试验研究

姑山铁矿石为典型的难磨难选红矿石,铁矿物嵌布粒度粗细不均,采用传统选矿技术难以获得良好的指标。为此,东北大学开展了悬浮磁化焙烧—分选试验研究,目标为精矿铁品位≥64%、回收率≥75%,磷含量≤0.15%。

## 4.1 试验内容、设备及方法

### 4.1.1 试验内容

(1)原矿样的理化性质分析。进行原矿样的化学成分、物相组成、嵌布特征等工艺矿物学研究以及相关流态化参数测定等。

(2)间歇式悬浮炉磁化焙烧试验研究。实验室悬浮焙烧条件试验,包括给矿粒度、还原时间、还原温度、还原气氛等;采用磁选管对焙烧产品进行磁选,获得精矿品位和回收率,由此确定适宜的焙烧条件。

(3)焙烧产品磁选试验及产品分析。针对焙烧矿,进行磨矿—磁选条件试验,确定分选流程、工艺参数和选别指标,对分选产品的化学组成、物相组成、单体解离度等进行分析。

### 4.1.2 试验设备

多次实验室试验和悬浮磁化焙烧半工业扩大连续试验的结果证明,管式炉的磁化焙烧指标能够达到悬浮磁化焙烧炉的指标。故本项目采用自行组建的磁化焙烧系统进行试验。磁化焙烧系统示意见图4-1,该系统主要由供气系统、加热反应系统和温控系统组成。不同粒度样品的制备采用盘式粉碎机,焙烧样品磨矿采用三辊四筒棒磨机,磁选试验采用XCSG型磁选管。

### 4.1.3 试验方法

#### 4.1.3.1 实验室小型磁化焙烧分选试验

针对原矿样品开展了实验室小型磁化焙烧试验研究,以期为扩大连续试验提供指导。当管式炉内温度达到设定值后,迅速将30 g矿样放置于管式炉内,按预先设定的比例通入$N_2$和$CO/H_2$对样品进行还原磁化,还原一定时间后获得磁化焙

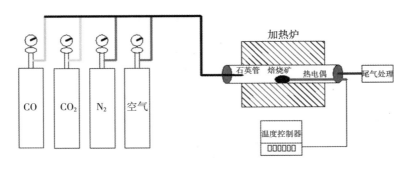

图 4-1  实验室磁化焙烧系统示意

烧产品。采用磁选管对焙烧样品进行磁选,根据磁选结果对焙烧效果进行评价,确定适宜的焙烧条件。在适宜的磁化焙烧条件下制备出一定量的焙烧产品,开展磨矿选别试验。

### 4.1.3.2  分析检测方法

采用不同检测方法检测原矿及试验所获各种产品的性能,主要包括化学成分分析和 X 射线衍射分析。其中,化学分析方法用于矿石及各种产品的化学组成、铁化学物相组成的确定,X 射线衍射用于矿石及焙烧产品的物相组成定性分析。

## 4.2  CO 还原气氛下磁化焙烧—分选试验

### 4.2.1  磁化焙烧工艺优化试验

#### 4.2.1.1  焙烧粒度条件试验

在磁化焙烧温度为 560 ℃、CO 浓度为 30%、焙烧时间为 30 min、气体流量为 500 mL/min、磁选细度为 −0.1 mm 占 100% 和弱磁选磁场强度为 85.19 kA/m 的条件下,开展了焙烧粒度条件试验,结果见表 4-1。

表 4-1 焙烧粒度条件试验结果

| 焙烧粒度(−0.074 mm) | 产品 | 产率/% | 品位/% | 回收率/% |
|---|---|---|---|---|
| 40% | 焙烧产品 | 100.00 | 40.96 | 100.00 |
| | 弱磁精 | 68.83 | 55.01 | 95.41 |
| | 弱磁尾 | 31.17 | 5.84 | 4.59 |
| 50% | 焙烧产品 | 100.00 | 40.86 | 100.00 |
| | 弱磁精 | 69.93 | 55.42 | 96.18 |
| | 弱磁尾 | 30.07 | 5.12 | 3.82 |
| 60% | 焙烧产品 | 100.00 | 40.65 | 100.00 |
| | 弱磁精 | 69.58 | 55.38 | 96.02 |
| | 弱磁尾 | 30.42 | 5.25 | 3.98 |
| 70% | 焙烧产品 | 100.00 | 39.41 | 100.00 |
| | 弱磁精 | 71.76 | 55.36 | 96.26 |
| | 弱磁尾 | 28.24 | 5.46 | 3.74 |
| 80% | 焙烧产品 | 100.00 | 40.62 | 100.00 |
| | 弱磁精 | 72.09 | 53.56 | 96.45 |
| | 弱磁尾 | 27.91 | 5.09 | 3.55 |

由表 4-1 可知,焙烧粒度对磁选精矿铁品位影响并不显著,随着焙烧粒度变细,磁选精矿铁品位在 53.56%～55.42%波动,而铁回收率整体呈先增加后基本保持不变的趋势,当焙烧粒度由−0.074 mm 含量 40%升至 50%时,铁回收率由 95.41%升至 96.18%,继续提高焙烧粒度至−0.074 mm 含量 80%时,铁回收率基本不变,在 96.02%～96.45%波动。最终确定物料焙烧粒度为−0.074 mm 50%。

#### 4.2.1.2 焙烧温度条件试验

焙烧温度对磁化还原过程具有重要影响,因此开展了焙烧温度条件试验。固定试验条件:CO 浓度为 30%,还原焙烧时间为 30 min,气体流量为 500 mL/min,磁选细度为−0.023 mm 有 90%,弱磁选磁场强度为 85.19 kA/m。试验结果见表 4-2。

表 4 - 2　焙烧温度条件试验结果

| 温度/℃ | 产品 | 产率/% | 品位/% | 回收率/% |
|---|---|---|---|---|
| 500 | 焙烧产品 | 100.00 | 39.92 | 100.00 |
| | 弱磁精 | 64.26 | 59.21 | 90.20 |
| | 弱磁尾 | 35.74 | 11.57 | 9.80 |
| 520 | 焙烧产品 | 100.00 | 9.41 | 100.00 |
| | 弱磁精 | 63.29 | 59.29 | 90.73 |
| | 弱磁尾 | 36.71 | 10.44 | 9.27 |
| 540 | 焙烧产品 | 100.00 | 40.66 | 100.00 |
| | 弱磁精 | 65.53 | 59.06 | 92.64 |
| | 弱磁尾 | 34.47 | 8.92 | 7.36 |
| 560 | 焙烧产品 | 100.00 | 40.23 | 100.00 |
| | 弱磁精 | 65.12 | 59.20 | 92.53 |
| | 弱磁尾 | 34.88 | 8.92 | 7.47 |
| 580 | 焙烧产品 | 100.00 | 39.94 | 100.00 |
| | 弱磁精 | 65.00 | 59.13 | 91.97 |
| | 弱磁尾 | 35.00 | 9.59 | 8.03 |

由表 4 - 2 可知,焙烧温度对磁选精矿铁品位影响并不明显,对铁回收率影响较为显著。随着温度升高,铁精矿品位在 59.06% ~ 59.29% 波动变化,可认为处于稳定状态。随着温度升高,铁回收率呈现出先升高后基本保持平稳的变化规律。当温度从 500℃ 升高到 540℃ 时,回收率由 90.20% 增加到 92.64%,继续升高温度,回收率基本保持不变。故确定适宜的焙烧温度为 540℃。在该磁化焙烧温度下,经磁选可获得铁精矿品位为 59.06%、回收率为 92.64% 的技术指标。

### 4.2.1.3　还原气体浓度条件试验

还原气体浓度对磁化还原效果影响显著,因此开展了还原气体浓度条件试验。固定试验条件:磁化焙烧温度为 540℃,还原时间为 30 min,气体流量为 500 mL/min,磁选细度为 -0.023 mm 90%,弱磁选磁场强度为 85.19 kA/m。试验结果见表 4 - 3。

表 4-3 还原气体浓度条件试验结果

| CO 浓度/% | 产品 | 产率/% | 品位/% | 回收率/% |
|---|---|---|---|---|
| 10 | 焙烧产品 | 100.00 | 39.09 | 100.00 |
|  | 弱磁精 | 60.40 | 59.46 | 86.68 |
|  | 弱磁尾 | 39.60 | 13.94 | 13.32 |
| 20 | 焙烧产品 | 100.00 | 40.06 | 100.00 |
|  | 弱磁精 | 64.09 | 58.98 | 92.13 |
|  | 弱磁尾 | 35.91 | 8.99 | 7.87 |
| 30 | 焙烧产品 | 100.00 | 39.44 | 100.00 |
|  | 弱磁精 | 65.42 | 58.56 | 92.47 |
|  | 弱磁尾 | 34.58 | 9.02 | 7.53 |
| 40 | 焙烧产品 | 100.00 | 39.26 | 100.00 |
|  | 弱磁精 | 65.81 | 58.57 | 92.61 |
|  | 弱磁尾 | 34.19 | 9.00 | 7.39 |
| 50 | 焙烧产品 | 100.00 | 39.69 | 100.00 |
|  | 弱磁精 | 64.67 | 58.70 | 92.72 |
|  | 弱磁尾 | 35.33 | 8.44 | 7.28 |

由表 4-3 可知,在还原气体浓度为 10% 时,磁选精矿铁品位较高,为 59.46%,但回收率偏低,为 86.68%;随着还原气体浓度继续增加,磁选精矿铁品位变化并不明显,在 58.56%~58.98% 波动,铁回收率呈现出先明显增加后趋于稳定的变化趋势。当还原气体浓度从 10% 增加到 30% 时,铁精矿回收率由 86.68% 迅速增加到 92.47%,继续增加还原气体浓度至 50% 时,回收率整体变化不大。因此,确定适宜的还原气体浓度为 30%。

#### 4.2.1.4 焙烧时间条件试验

焙烧时间是影响磁化焙烧效果的重要因素之一,焙烧时间过短会导致铁矿物还原不完全,而过长又会发生过还原。因此,开展了焙烧时间条件试验。固定试验条件:磁化焙烧温度为 540 ℃,CO 浓度为 30%,气体流量为 500 mL/min,磁选细度为 −0.023 mm 90%,弱磁选磁场强度为 85.19 kA/m。试验结果见表 4-4。

表4-4 焙烧时间条件试验结果

| 焙烧时间/min | 产品 | 产率/% | 品位/% | 回收率/% |
|---|---|---|---|---|
| 10 | 焙烧产品 | 100.00 | 39.21 | 100.00 |
| | 弱磁精 | 56.85 | 59.01 | 81.62 |
| | 弱磁尾 | 43.15 | 17.50 | 18.38 |
| 20 | 焙烧产品 | 100.00 | 39.26 | 100.00 |
| | 弱磁精 | 61.58 | 60.03 | 90.19 |
| | 弱磁尾 | 38.42 | 10.47 | 9.81 |
| 30 | 焙烧产品 | 100.00 | 39.26 | 100.00 |
| | 弱磁精 | 61.83 | 58.81 | 91.20 |
| | 弱磁尾 | 38.17 | 9.19 | 8.80 |
| 40 | 焙烧产品 | 100.00 | 38.91 | 100.00 |
| | 弱磁精 | 65.15 | 57.72 | 92.14 |
| | 弱磁尾 | 34.85 | 9.20 | 7.86 |

由表4-4可知,随着焙烧时间延长,磁选精矿铁品位呈先增加后降低的趋势,当焙烧时间由10 min增加至20 min时,磁选精矿铁品位由59.01%升至60.03%,继续延长焙烧时间至40min,精矿铁品位降至57.72%;而铁回收率则显著增加,尤其是当焙烧时间小于20 min时,增加趋势更加明显。当焙烧时间从10 min增加至20 min时,铁精矿回收率由81.62%增加到90.19%,继续延长焙烧时间至40 min,回收率略微升至92.14%。这是由于焙烧时间小于20 min时,矿石中铁矿物没有完全被还原为磁铁矿,当焙烧时间超过20min则发生过还原。因此,确定适宜的焙烧时间为20 min,此时磁选精矿可达到铁品位60.03%、回收率90.19%的指标。

## 4.2.2 焙烧产品选别工艺优化试验

焙烧产品选别工艺优化试验,固定试验条件:还原温度为540 ℃,CO浓度为30%,焙烧时间为20 min,焙烧粒度为−0.074 mm 50%。

### 4.2.2.1 磁场强度条件试验

磁场强度条件试验,固定试验条件:磨矿细度为−0.023 mm 90%,漂洗水流量为1 320 mL/min。试验结果见表4-5。

表 4-5　焙烧产品磁场强度条件试验结果

| 磁场强度/(kA/m) | 产品 | 产率/% | 品位/% | 回收率/% |
|---|---|---|---|---|
| 47.77 | 焙烧产品 | 100.00 | 39.60 | 100.00 |
|  | 弱磁精 | 57.76 | 59.83 | 84.05 |
|  | 弱磁尾 | 42.24 | 15.52 | 15.95 |
| 63.69 | 焙烧产品 | 100.00 | 39.60 | 100.00 |
|  | 弱磁精 | 61.49 | 59.05 | 86.99 |
|  | 弱磁尾 | 38.51 | 14.10 | 13.01 |
| 95.54 | 焙烧产品 | 100.00 | 39.60 | 100.00 |
|  | 弱磁精 | 63.65 | 59.45 | 91.63 |
|  | 弱磁尾 | 36.35 | 9.51 | 8.37 |
| 119.43 | 焙烧产品 | 100.00 | 39.60 | 100.00 |
|  | 弱磁精 | 63.73 | 59.15 | 91.55 |
|  | 弱磁尾 | 36.27 | 9.59 | 8.45 |

由表 4-5 可知,随着磁场强度的提高,精矿品位总体呈下降趋势,回收率总体呈上升趋势。综合考虑,确定适宜的磁场强度为 95.54 kA/m。

### 4.2.2.2　选别细度条件试验

选别细度对磁选精矿指标有重要的影响。固定试验条件:磁场强度为 95.54 kA/m,漂洗水流量为 1 320 mL/min。试验结果见表 4-6。

表 4-6　焙烧产品选别细度条件试验结果

| 选别细度 | 产品 | 产率/% | Fe 品位/% | Fe 回收率/% | P 含量/% |
|---|---|---|---|---|---|
| -0.023 mm 80% | 焙烧产品 | 100.00 | 40.08 | 100.00 | 0.26 |
|  | 弱磁精 | 65.73 | 57.72 | 92.99 |  |
|  | 弱磁尾 | 34.27 | 8.34 | 7.01 |  |
| -0.023 mm 90% | 焙烧产品 | 100.00 | 40.08 | 100.00 | 0.21 |
|  | 弱磁精 | 63.57 | 59.32 | 91.38 |  |
|  | 弱磁尾 | 36.43 | 9.76 | 8.62 |  |

续表

| 选别细度 | 产品 | 产率/% | Fe 品位/% | Fe 回收率/% | P 含量/% |
|---|---|---|---|---|---|
| −0.016 mm 90% | 焙烧产品 | 100.00 | 40.08 | 100.00 | 0.21 |
| | 弱磁精 | 61.74 | 59.92 | 88.28 | |
| | 弱磁尾 | 38.26 | 12.84 | 11.72 | |
| −0.016 mm 95% | 焙烧产品 | 100.00 | 40.08 | 100.00 | 0.22 |
| | 弱磁精 | 60.33 | 60.15 | 85.07 | |
| | 弱磁尾 | 39.67 | 16.05 | 14.93 | |
| −0.010 mm 95% | 焙烧产品 | 100.00 | 40.08 | 100.00 | 0.22 |
| | 弱磁精 | 55.77 | 60.14 | 79.14 | |
| | 弱磁尾 | 44.23 | 19.98 | 20.86 | |

由表 4-6 可知,选别细度由−0.023 mm 80%增加至−0.023 mm 90%,精矿铁品位由 57.72%升高至 59.32%,回收率由 92.99%降至 91.38%,磷含量由 0.26%降至 0.21%;继续提高磨矿细度至−0.010 mm 95%,精矿铁品位提高至 60.14%,铁回收率下降至 79.14%,磷含量基本保持不变。由此可见,通过提高选别细度的方法能够提高精矿铁品位,但很难获得铁品位 64%的精矿,且精矿含磷偏高,脱磷效果较差。故对焙烧产品开展阶段磨矿阶段选别试验。

### 4.2.2.3　选别工艺试验

(1)一段球磨磨矿—弱磁粗选—弱磁精选试验

焙烧产品一段球磨磨矿—弱磁粗选—弱磁精选试验的磨矿细度为−0.038 mm 95%,粗选磁场强度为 95.54 kA/m,精选磁场强度为 17.52 kA/m。试验结果见表 4-7。

表 4-7　焙烧产品磁选流程试验结果

| 产品 | 产率/% | Fe 品位/% | Fe 回收率/% | P 含量/% |
|---|---|---|---|---|
| 精矿 | 67.80 | 56.74 | 93.59 | 0.27 |
| 中矿 | 2.30 | 11.41 | 0.64 | |
| 尾矿 | 29.90 | 7.94 | 5.77 | |
| 焙烧产品 | 100.00 | 41.11 | 100.00 | |

由表4-7可知,焙烧产品一段球磨磨矿—弱磁粗选—弱磁精选可获得铁品位为56.74%、铁回收率为93.59%、P含量为0.27%的铁精矿。

(2)弱磁精选精矿二段搅拌磨磨矿—弱磁选—精矿浸出试验

①搅拌磨磨矿细度试验。对表4-7中的精矿进行二段搅拌磨磨矿—弱磁选,磨矿细度试验固定二段精选磁场强度为95.54 kA/m,试验结果见表4-8。

表4-8 二段搅拌磨磨矿—弱磁选试验结果

| 选别细度 | 产品 | 作业产率/% | Fe品位/% | Fe作业回收率/% | P含量/% |
|---|---|---|---|---|---|
| −0.023 mm 90% | 二段精矿 | 92.53 | 60.32 | 98.28 | 0.20 |
| | 二段尾矿 | 7.47 | 13.11 | 1.72 | |
| | 一段弱磁选精矿 | 100.00 | 56.79 | 100.00 | |
| −0.023 mm 95% | 二段精矿 | 87.25 | 61.15 | 96.30 | 0.19 |
| | 二段尾矿 | 12.75 | 16.09 | 3.70 | |
| | 一段弱磁选精矿 | 100.00 | 55.41 | 100.00 | |
| −0.016 mm 90% | 二段精矿 | 85.96 | 62.09 | 95.47 | 0.18 |
| | 二段尾矿 | 14.04 | 18.04 | 4.53 | |
| | 一段弱磁选精矿 | 100.00 | 55.90 | 100.00 | |
| −0.016 mm 95% | 二段精矿 | 87.15 | 61.73 | 95.18 | 0.19 |
| | 二段尾矿 | 12.85 | 21.22 | 4.82 | |
| | 一段弱磁选精矿 | 100.00 | 56.53 | 100.00 | |

由表4-8可知,随着选别细度的提高,二段精矿铁品位由60.32%升高至62.09%,铁作业回收率从98.28%降至95.47%,磷含量降至0.18%。

②二段精矿降磷试验。对表4-8中选别细度−0.016 mm 90%情况下的二段精矿进行硫酸(稀硫酸浓度为0.2 mol/L)浸出脱磷试验。试验结果见表4-9。

表4-9 二段磁选精矿浸出脱磷试验结果

| 产品 | 作业产率/% | Fe品位/% | Fe作业回收率/% | P含量/% |
|---|---|---|---|---|
| 浸出精矿 | 91.42 | 63.54 | 93.55 | 0.11 |
| 合计 | 100.00 | 62.09 | 100.00 | 0.18 |

由表4-9可知,用硫酸浸出脱磷可获得铁品位为63.54%、铁作业回收率为

93.55%、P含量为0.11%的浸出精矿。

#### 4.2.2.4 全流程试验

矿石磁化焙烧—阶段磨矿阶段弱磁选—硫酸酸浸流程适宜的工艺参数为:焙烧粒度-0.074 mm 50%、CO浓度30%、焙烧温度540℃、焙烧时间20 min,焙烧产品一段磨矿细度-0.038 mm 95%、一段弱磁选磁场强度95.54 kA/m,二段磨矿细度-0.023 mm 95%、二段磁选磁场强度95.54 kA/m。该工艺条件下可获得铁品位61.03%、铁回收率90.33%、P含量0.20%的二段磁选精矿。二段磁选精矿硫酸浸出脱磷,可获得铁品位62.64%、铁回收率85.63%、P含量0.11%的精矿。试验总数质量流程见图4-2,磁选精矿主要化学成分分析结果见表4-10。

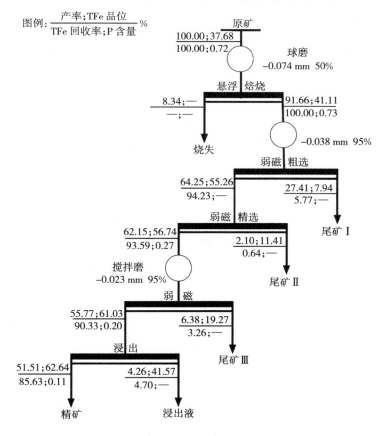

**图4-2 CO还原气氛下磁化焙烧—阶段磨矿阶段弱磁选—硫酸酸浸数质量流程**

表 4-10　磁选精矿主要化学成分分析结果

| 成分 | 含量/% |
|------|--------|
| TFe | 61.03 |
| FeO | 17.19 |
| $SiO_2$ | 10.26 |
| $Al_2O_3$ | 1.26 |
| CaO | 0.29 |
| MgO | 0.29 |
| P | 0.2 |
| S | 0.002 |
| 烧失量 | 1.08 |

磁选精矿中的铁 97.83% 为磁性铁,磁铁矿的单体解离度为 90.14%,粒度十分细小,多分布在 -0.037 mm 粒级中。

## 4.3　$H_2$+CO 还原气氛下磁化焙烧—分选试验

由于以 CO 为还原剂的磁化焙烧—分选试验指标不理想,因此,以 $H_2$+CO 为还原剂进行了磁化焙烧—分选试验。

### 4.3.1　磁化焙烧工艺优化试验

#### 4.3.1.1　焙烧粒度条件试验

固定试验条件:$H_2$ 与 CO 体积比为 3:1,焙烧温度为 560 ℃,还原气体浓度为 40%,焙烧时间为 20 min,气体流量为 600 mL/min,焙烧产品磨矿细度为 -0.1 mm 100%,弱磁选磁场强度为 85.15 kA/m。试验结果见表 4-11。

表 4-11 焙烧粒度条件试验结果

| 焙烧粒度(-0.074 mm) | 产品 | 产率/% | 品位/% | 回收率/% |
|---|---|---|---|---|
| 40% | 焙烧产品 | 100.00 | 40.61 | 100.00 |
| | 弱磁精 | 69.05 | 55.78 | 94.69 |
| | 弱磁尾 | 30.95 | 6.98 | 5.31 |
| 50% | 焙烧产品 | 100.00 | 39.92 | 100.00 |
| | 弱磁精 | 69.54 | 55.43 | 95.54 |
| | 弱磁尾 | 30.46 | 5.91 | 4.46 |
| 60% | 焙烧产品 | 100.00 | 40.98 | 100.00 |
| | 弱磁精 | 70.58 | 55.81 | 95.79 |
| | 弱磁尾 | 29.42 | 5.89 | 4.21 |
| 70% | 焙烧产品 | 100.00 | 40.06 | 100.00 |
| | 弱磁精 | 71.04 | 54.19 | 96.10 |
| | 弱磁尾 | 28.96 | 5.40 | 3.90 |
| 80% | 焙烧产品 | 100.00 | 40.19 | 100.00 |
| | 弱磁精 | 72.03 | 53.83 | 96.46 |
| | 弱磁尾 | 27.97 | 5.09 | 3.54 |

由表 4-11 可知,随着焙烧粒度变细,精矿铁品位逐渐降低,回收率逐渐升高。综合考虑,确定适宜的焙烧粒度为 -0.074 mm 50%。

#### 4.3.1.2 焙烧温度条件试验

固定试验条件:焙烧粒度为 -0.074 mm 50%,$H_2$ 与 CO 体积比为 3:1,还原气体浓度为 40%,焙烧时间为 20 min,气体流量为 600 mL/min,焙烧产品磨矿细度为 -0.023 mm 90%,弱磁选磁场强度为 85.15 kA/m。试验结果见表 4-12。

表 4-12 焙烧温度条件试验结果

| 温度/℃ | 产品 | 产率/% | 品位/% | 回收率/% |
|---|---|---|---|---|
| 420 | 焙烧产品 | 100.00 | 40.18 | 100.00 |
| | 弱磁精 | 58.97 | 58.46 | 85.75 |
| | 弱磁尾 | 41.03 | 13.96 | 14.25 |

续表

| 温度/℃ | 产品 | 产率/% | 品位/% | 回收率/% |
|---|---|---|---|---|
| 440 | 焙烧产品 | 100.00 | 39.60 | 100.00 |
| | 弱磁精 | 62.29 | 58.70 | 90.19 |
| | 弱磁尾 | 37.71 | 10.55 | 9.81 |
| 460 | 焙烧产品 | 100.00 | 39.29 | 100.00 |
| | 弱磁精 | 62.63 | 58.69 | 91.27 |
| | 弱磁尾 | 37.37 | 9.41 | 8.73 |
| 480 | 焙烧产品 | 100.00 | 39.45 | 100.00 |
| | 弱磁精 | 67.52 | 58.21 | 93.52 |
| | 弱磁尾 | 32.48 | 8.38 | 6.48 |
| 500 | 焙烧产品 | 100.00 | 39.97 | 100.00 |
| | 弱磁精 | 67.00 | 58.00 | 94.33 |
| | 弱磁尾 | 33.00 | 7.07 | 5.67 |
| 520 | 焙烧产品 | 100.00 | 40.82 | 100.00 |
| | 弱磁精 | 64.98 | 58.22 | 93.57 |
| | 弱磁尾 | 35.02 | 7.42 | 6.43 |

由表 4-12 可知,焙烧温度升高,精矿铁品位基本不变,铁回收率先升高后基本不变。综合考虑,确定适宜的焙烧温度为 500 ℃,此时精矿铁品位为 58.00%,铁回收率为 94.33%。

### 4.3.1.3 还原气体浓度条件试验

固定试验条件:焙烧粒度为 -0.074 mm 50%,$H_2$ 与 CO 体积比为 3:1,焙烧温度为 500 ℃,焙烧时间为 20 min,气体流量为 600 mL/min,焙烧产品磨矿细度为 -0.023 mm 90%,弱磁选磁场强度为 85.15 kA/m。试验结果见表 4-13。

表 4-13  还原气体浓度条件试验结果

| 还原气体浓度/% | 产品 | 产率/% | 品位/% | 回收率/% |
|---|---|---|---|---|
| 30 | 焙烧产品 | 100.00 | 39.21 | 100.00 |
| | 弱磁精 | 66.80 | 57.96 | 94.72 |
| | 弱磁尾 | 33.20 | 6.50 | 5.28 |
| 40 | 焙烧产品 | 100.00 | 39.15 | 100.00 |
| | 弱磁精 | 66.03 | 57.82 | 94.73 |
| | 弱磁尾 | 33.97 | 6.25 | 5.27 |

续表

| 还原气体浓度/% | 产品 | 产率/% | 品位/% | 回收率/% |
|---|---|---|---|---|
| 50 | 焙烧产品 | 100.00 | 40.44 | 100.00 |
| | 弱磁精 | 67.58 | 57.70 | 94.69 |
| | 弱磁尾 | 32.42 | 6.74 | 5.31 |
| 60 | 焙烧产品 | 100.00 | 39.42 | 100.00 |
| | 弱磁精 | 67.30 | 58.05 | 94.76 |
| | 弱磁尾 | 32.70 | 6.61 | 5.24 |
| 70 | 焙烧产品 | 100.00 | 40.06 | 100.00 |
| | 弱磁精 | 67.61 | 57.32 | 94.97 |
| | 弱磁尾 | 32.39 | 6.33 | 5.03 |

由表 4-13 可知,随着还原气体浓度的增加,精矿铁品位和回收率变化不大。为了保证还原效果,确定还原气体浓度为 40%。

#### 4.3.1.4 焙烧时间条件试验

固定试验条件:焙烧粒度为 $-0.074\ mm\ 50\%$, $H_2$ 与 CO 体积比为 3:1,焙烧温度为 500 ℃,还原气体浓度为 40%,气体流量为 600 mL/min,焙烧产品磨矿细度为 $-0.023\ mm\ 90\%$,弱磁选磁场强度为 85.15 kA/m。试验结果见表 4-14。

表 4-14 焙烧时间条件试验结果

| 焙烧时间/min | 产品 | 产率/% | 品位/% | 回收率/% |
|---|---|---|---|---|
| 10 | 焙烧产品 | 100.00 | 40.07 | 100.00 |
| | 弱磁精 | 65.42 | 58.01 | 92.91 |
| | 弱磁尾 | 34.58 | 8.38 | 7.09 |
| 20 | 焙烧产品 | 100.00 | 39.18 | 100.00 |
| | 弱磁精 | 68.72 | 57.30 | 94.53 |
| | 弱磁尾 | 31.28 | 7.28 | 5.47 |
| 25 | 焙烧产品 | 100.00 | 39.20 | 100.00 |
| | 弱磁精 | 65.78 | 57.70 | 94.06 |
| | 弱磁尾 | 34.22 | 7.01 | 5.94 |
| 30 | 焙烧产品 | 100.00 | 39.33 | 100.00 |
| | 弱磁精 | 67.99 | 57.60 | 94.67 |
| | 弱磁尾 | 32.01 | 6.89 | 5.33 |

由表 4-14 可知,随着焙烧时间延长,磁选精矿铁品位基本保持不变,铁回收率则缓慢升高;继续延长焙烧时间至 30 min,回收率略微上升。因此,确定适宜的焙烧时间为 20 min,此时精矿铁品位为 57.30%,回收率为 94.53%。

### 4.3.2 焙烧产品选别工艺优化试验

焙烧产品选别工艺优化试验,固定试验条件:焙烧粒度为 -0.074 mm 50%,$H_2$ 与 CO 体积比为 3:1,焙烧温度为 500 ℃,焙烧时间为 20 min,还原气体浓度为 40%,气体流量为 600 mL/min。

#### 4.3.2.1 一段弱磁选磁场强度试验

固定试验条件:磨矿细度为 -0.023 mm 90%,漂洗水流量为 1 320 mL/min。试验结果见表 4-15。

表 4-15 一段弱磁选磁场强度试验结果

| 磁场强度/(kA/m) | 产品 | 产率/% | 品位/% | 回收率/% |
| --- | --- | --- | --- | --- |
| 47.75 | 焙烧产品 | 100.00 | 39.84 | 100.00 |
| | 弱磁精 | 61.98 | 59.41 | 86.81 |
| | 弱磁尾 | 38.02 | 14.71 | 13.19 |
| 63.66 | 焙烧产品 | 100.00 | 39.84 | 100.00 |
| | 弱磁精 | 65.26 | 58.63 | 92.12 |
| | 弱磁尾 | 34.74 | 9.42 | 7.88 |
| 103.45 | 焙烧产品 | 100.00 | 38.60 | 100.00 |
| | 弱磁精 | 65.09 | 58.78 | 93.14 |
| | 弱磁尾 | 34.91 | 8.07 | 6.86 |
| 119.37 | 焙烧产品 | 100.00 | 39.41 | 100.00 |
| | 弱磁精 | 65.39 | 58.75 | 93.34 |
| | 弱磁尾 | 34.61 | 7.92 | 6.66 |
| 143.24 | 焙烧产品 | 100.00 | 39.41 | 100.00 |
| | 弱磁精 | 65.64 | 58.74 | 93.80 |
| | 弱磁尾 | 34.36 | 7.42 | 6.20 |

由表 4-15 可知,随着磁场强度的增加,精矿铁品位略微降低,铁回收率升高。

综合考虑,确定适宜的磁选磁场强度为 103.45 kA/m。

#### 4.3.2.2 选别细度条件试验

固定试验条件:磁选磁场强度为 103.45 kA/m,漂洗水流量为 1 320 mL/min。试验结果见表 4－16。

表 4－16 焙烧产品选别细度条件试验结果

| 选别细度 | 产品 | 产率/% | Fe 品位/% | Fe 回收率/% | P 含量/% |
|---|---|---|---|---|---|
| −0.023 mm 80% | 焙烧产品 | 100.00 | 39.25 | 100.00 | 0.27 |
| | 弱磁精 | 67.72 | 57.40 | 92.87 | |
| | 弱磁尾 | 32.28 | 9.25 | 7.13 | |
| −0.023 mm 90% | 焙烧产品 | 100.00 | 39.25 | 100.00 | 0.23 |
| | 弱磁精 | 66.42 | 57.99 | 93.56 | |
| | 弱磁尾 | 33.58 | 7.89 | 6.44 | |
| −0.023 mm 95% | 焙烧产品 | 100.00 | 40.27 | 100.00 | 0.23 |
| | 弱磁精 | 64.53 | 59.05 | 91.71 | |
| | 弱磁尾 | 35.47 | 9.71 | 8.29 | |
| −0.016 mm 90% | 焙烧产品 | 100.00 | 39.57 | 100.00 | 0.22 |
| | 弱磁精 | 64.21 | 59.48 | 91.53 | |
| | 弱磁尾 | 35.79 | 9.87 | 8.47 | |
| −0.016 mm 95% | 焙烧产品 | 100.00 | 39.57 | 100.00 | 0.22 |
| | 弱磁精 | 61.36 | 59.07 | 89.16 | |
| | 弱磁尾 | 38.64 | 11.40 | 10.84 | |

由表 4－16 可知,选别细度由−0.023 mm 80% 增加至−0.023 mm 90%,精矿铁品位由 57.40% 升高至 57.99%,回收率由 92.87% 升至 93.56%,精矿中磷含量由 0.27% 降至 0.23%;继续提高磨矿细度至−0.016 mm 90%,精矿铁品位小幅升高,而铁回收率下降较为明显,磷含量基本保持不变。因此,通过提高选别细度的方法能够提高精矿铁品位,但很难获得铁品位为 64% 的精矿,同时磷含量较高。

#### 4.3.2.3 选别工艺试验

(1)一段球磨磨矿—弱磁粗选—弱磁精选试验

焙烧产品一段球磨磨矿—弱磁粗选—弱磁精选试验的磨矿细度为−0.038 mm

95%,粗选磁场强度为 95.54 kA/m,精选磁场强度为 17.52 kA/m。试验结果见表 4-17。

表 4-17　一段球磨磨矿—弱磁粗选—弱磁精选试验

| 产品 | 产率 | Fe 品位/% | Fe 回收率/% | P 含量/% |
|---|---|---|---|---|
| 精矿 | 64.61 | 57.07 | 91.13 | |
| 中矿 | 1.33 | 21.64 | 0.71 | 0.25 |
| 尾矿 | 34.06 | 9.69 | 8.16 | |
| 焙烧产品 | 100.00 | 40.46 | 100.00 | |

由表 4-17 可知,焙烧产品一段球磨磨矿—弱磁粗选—弱磁精选可获得铁品位为 57.07%、铁回收率为 91.13%、磷含量为 0.25%的精矿。

(2)弱磁选精矿二段搅拌磨磨矿—弱磁选试验

对弱磁选精矿进行二段搅拌磨磨矿—弱磁选试验,磨矿细度试验固定二段精选磁场强度为 103.45 kA/m。试验结果见表 4-18。

表 4-18　搅拌磨磨矿细度试验结果

| 选别细度 | 产品 | 作业产率/% | Fe 品位/% | Fe 回收率/% | P 含量/% |
|---|---|---|---|---|---|
| −0.023 mm 85% | 二段精矿 | 91.54 | 60.95 | 97.65 | 0.18 |
| | 二段尾矿 | 8.46 | 15.87 | 2.35 | |
| | 一段弱磁选精矿 | 100.00 | 57.14 | 100.00 | |
| −0.023 mm 95% | 二段精矿 | 88.49 | 62.42 | 95.32 | 0.18 |
| | 二段尾矿 | 11.51 | 23.54 | 4.68 | |
| | 一段弱磁选精矿 | 100.00 | 57.95 | 100.00 | |
| −0.016 mm 90% | 二段精矿 | 88.39 | 61.85 | 94.00 | 0.18 |
| | 二段尾矿 | 11.61 | 30.06 | 6.00 | |
| | 一段弱磁选精矿 | 100.00 | 58.16 | 100.00 | |
| −0.016 mm 95% | 二段精矿 | 86.03 | 62.04 | 90.54 | 0.19 |
| | 二段尾矿 | 13.97 | 39.91 | 9.46 | |
| | 一段弱磁选精矿 | 100.00 | 58.95 | 100.00 | |

由表 4-18 可知,随着选别细度的增加,精矿铁品位升高,铁回收率降低。综

合考虑,确定适宜的二段搅拌磨磨矿细度为$-0.023\,mm\,95\%$,此时二段磁选精矿铁品位为$62.42\%$,铁回收率为$95.32\%$,磷含量为$0.18\%$。

(3)三段搅拌磨磨矿—磁选—硫酸浸出试验

对表$4-18$中选别细度为$-0.023\,mm\,95\%$的精矿进行三段搅拌磨磨矿—磁选—硫酸浸出试验,其中三段磨矿细度为$-0.016\,mm\,95\%$、三段精选磁场强度为$103.45\,kA/m$、稀硫酸浓度为$0.2\,mol/L$。试验结果见表$4-19$。

表4-19　三段搅拌磨磨矿—磁选—硫酸浸出试验

| 产品 | 作业产率 | Fe 品位/% | Fe 回收率/% | P 含量/% |
|---|---|---|---|---|
| 浸出精矿 | 95.80 | 64.13 | 96.02 | 0.12 |
| 三段精矿 | 100.00 | 63.98 | 100.00 | |

由表$4-19$可知,硫酸浸出可获得铁品位为$64.13\%$、铁回收率为$96.02\%$、P含量为$0.12\%$的浸出精矿。

#### 4.3.2.4　全流程试验

矿石磁化焙烧—阶段磨矿阶段弱磁选—硫酸浸出流程适宜的工艺参数为:焙烧粒度为$-0.074\,mm\,50\%$,焙烧温度为$500\,℃$,焙烧时间为$20\,min$,还原气体浓度为$40\%$($H_2$与$CO$体积比$3:1$)。焙烧产品一段磨矿细度为$-0.038\,mm\,95\%$,一段磁场强度为$103.45\,kA/m$;二段磨矿细度为$-0.023\,mm\,95\%$,二段磁场强度为$103.45\,kA/m$;三段磨矿细度为$-0.016\,mm\,95\%$,三段磁场强度为$143.34\,kA/m$。该工艺条件下可获得铁品位$63.98\%$、铁回收率$83.52\%$、P含量为$0.15\%$的三段磁选精矿;三段磁选精矿硫酸浸出脱磷,可获得铁品位为$64.13\%$、铁回收率为$80.20\%$、P含量为$0.12\%$的精矿。磁选精矿主要化学成分分析结果见表$4-20$,试验总数质量流程见图$4-3$。

表4-20　磁选精矿主要化学成分分析结果

| 成分 | 含量/% |
|---|---|
| TFe | 63.98 |
| FeO | 20.53 |
| $SiO_2$ | 7.05 |
| $Al_2O_3$ | 0.99 |

续表

| 成分 | 含量/% |
|---|---|
| CaO | 0.19 |
| MgO | 0.33 |
| P | 0.15 |
| S | 0.034 |
| 烧失量 | 1.97 |

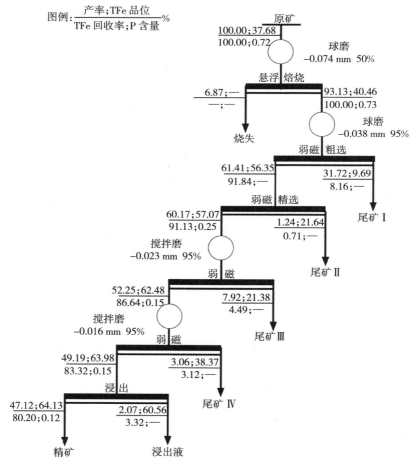

图例：$\dfrac{\text{产率；TFe 品位}}{\text{TFe 回收率；P 含量}}$%

图 4-3  $H_2+CO$ 还原气氛下磁化焙烧—阶段磨矿阶段

弱磁选—硫酸酸浸数质量流程

磁选精矿中的铁98.03%为磁性铁,磁铁矿的单体解离度约为90%,粒度十分细小,多分布在-0.037 mm粒级。

## 4.4 悬浮磁化焙烧技术可行性分析

针对姑山原矿石进行了系统的实验室磁化焙烧及分选试验,确定了原矿磁化焙烧—阶段磨矿阶段弱磁选、原矿磁化焙烧—阶段磨矿阶段弱磁选—浸出两种工艺流程的工艺参数及技术指标,见表4-21。

表4-21 姑山铁矿石两种工艺流程试验精矿指标

| 还原气氛 | 工艺流程 | 产率/% | Fe品位/% | Fe回收率/% | P含量/% |
|---|---|---|---|---|---|
| CO | 磁化焙烧—磨矿—弱磁选—再磨—磁选 | 55.77 | 61.03 | 90.33 | 0.20 |
| | 磁化焙烧—磨矿—弱磁选—再磨—磁选—浸出 | 51.51 | 62.64 | 85.63 | 0.11 |
| H₂+CO | 磁化焙烧—磨矿—弱磁选—再磨—弱磁选—三段磨矿—弱磁选 | 49.19 | 63.98 | 83.52 | 0.15 |
| | 磁化焙烧—磨矿—弱磁选—再磨—弱磁选—三段磨矿—弱磁选—浸出 | 47.12 | 64.13 | 80.20 | 0.12 |

由表4-21可知,上述工艺流程均可获得铁品位大于60%、回收率大于80%的精矿;磁化焙烧—磨矿—弱磁选—再磨—弱磁选—三段磨矿—弱磁选工艺流程可获得铁品位为63.98%、铁回收率为83.52%、有害元素P含量为0.15%的精矿,该精矿再经酸浸可获得铁品位为64.13%、铁回收率为80.20%、P含量为0.12%的精矿,满足合同指标要求。但该工艺需要对磁选精矿进行酸浸,考虑到实际生产成本及环境保护等因素,推荐采用原矿磁化焙烧—阶段磨矿阶段弱磁选工艺流程。

悬浮焙烧具有产品质量稳定、生产能力大、环保无污染、生产成本低、能源利用效率高及自动化程度高等特点,已广泛应用于氧化铝、水泥等行业。东北大学成功开发了复杂难选铁矿石悬浮磁化焙烧—分选新技术,针对鞍钢集团、酒钢集团、山钢集团多种难选铁矿资源进行了半工业试验,均取得了优异指标。因此,利用悬浮磁化焙烧技术处理该类矿石在理论和技术上均是可行的。

## 4.5 结论

(1)以 CO 为还原气体,在焙烧粒度为－0.074 mm 50%、CO 浓度为 30%、焙烧温度为 540 ℃、焙烧时间为 20 min 的条件下进行还原焙烧,焙烧产品再经磁化焙烧—磨矿—弱磁选—再磨—磁选,可获得铁品位 61.03%、铁回收率为 90.33%、P 含量为 0.20% 的铁精矿。该精矿再经硫酸酸浸,可获得铁品位 62.64%、铁回收率为 85.63%、P 含量为 0.11% 的精矿。

(2)以 $H_2$＋CO 为还原气体(体积比为 3∶1),在焙烧粒度为－0.074 mm 50%、焙烧温度为 500 ℃、焙烧时间为 20 min、还原气体浓度为 40% 的条件下进行还原焙烧,焙烧产品再经磨矿—弱磁选—再磨—弱磁选—三段磨矿—弱磁选,可获得铁品位为 63.98%、铁回收率为 83.52%、P 含量为 0.15% 的铁精矿。该精矿经硫酸浸出,可获得铁品位为 64.13%、铁回收率为 80.20%、P 含量为 0.12% 的浸出精矿。

(3)考虑到实际生产成本及环境保护等因素,推荐采用磁化焙烧—阶段磨矿阶段弱磁选工艺流程处理矿石,即悬浮磁化焙烧工艺,可实现姑山难选铁矿石的高效开发利用。

# 5

## 姑山精矿混合白象山、和睦山精矿生产球团原料研究

姑山矿业公司生产 3 种铁精矿产品：①姑山精矿，属赤铁矿精矿，铁品位为 $57\%\sim58\%$，$SiO_2$ 含量为 $10\%\sim12\%$，年产量为 20 万～25 万 t；②白象山精矿，属磁铁矿精矿，铁品位为 $65.00\%\sim65.50\%$，$SiO_2$ 含量约为 $4.5\%$，年产量约为 105 万 t；③和睦山精矿，铁品位为 $65.50\%\sim66.50\%$，$SiO_2$ 含量约为 $4.5\%$，年产量约为40 万 t。随着钢铁工业和烧结球团技术的快速发展，以及磁铁精粉、赤铁精粉原料供应和价格的变化，越来越多的钢铁企业出于成本和球团需求上升等考虑，在球团矿生产过程中配加一定比例的赤铁精粉。姑山精矿用于马钢烧结生产时，配比不足 $3\%$，且存在给料困难、成分偏差大、利用系数低、成品率低和强度差及能耗高等问题。姑山赤铁精矿杂质含量高，导致其售价低、销售困难，将白象山精矿、和睦山精矿及姑山精矿混合并作为一种产品销售，既可解决姑山精矿单独销售的困局，又可解决 3 种产品生产末端环节多系统问题，且在选矿精矿浓缩脱水环节实现 3 种精矿的混合，较高炉原料造块干法混合得更均匀，质量也更稳定。因此，将姑山精矿用于马钢球团生产，既符合"精矿适用于球团"的工艺原则，也是适应球团工艺和市场发展的更好选择。

姑山精矿配入球团对球团产品质量指标带来的不利影响不可忽视。因此，姑山矿业公司委托安徽工业大学研究适宜的姑山精矿配入方法及其相应的球团生产工艺操作参数，以降低姑山精矿配入球团的负面影响，尽可能保持现有生产水平，开发姑山精矿用于球团生产的新工艺，降低球团生产成本。

## 5.1 原料性质

### 5.1.1 铁精矿主要化学成分

所用铁精矿主要化学成分见表 5－1。

**表 5-1 铁精矿主要化学成分分析结果**

| 产品 | 各成分含量/% | | | | | | | | 烧失量 /% |
|---|---|---|---|---|---|---|---|---|---|
| | TFe | FeO | SiO$_2$ | CaO | MgO | Al$_2$O$_3$ | S | P | |
| 姑精 | 57.69 | 3.22 | 10.92 | 0.91 | 0.51 | 0.94 | 0.018 | 0.33 | 3.39 |
| 和睦精 417 | 66.10 | 26.60 | 3.20 | 1.34 | 1.44 | 0.70 | 0.290 | 0.076 | −1.75 |
| 和睦精 423 | 67.24 | 26.06 | 2.46 | 0.92 | 1.24 | 0.52 | 0.210 | 0.062 | −1.15 |
| 白象精 503 | 65.46 | 25.83 | 3.76 | 1.02 | 1.62 | 0.63 | 0.200 | 0.100 | −1.91 |
| 白象精 509 | 65.71 | 25.95 | 3.70 | 0.97 | 1.57 | 0.64 | 0.120 | 0.110 | −1.70 |

由表 5-1 可知,和睦精和白象精的 SiO$_2$ 含量相对较低,但 CaO、MgO 和 S 含量相对较高;姑精 TFe 品位仅 58% 左右,FeO 含量低,SiO$_2$ 含量高达 10.92%,且 P 含量达 0.33%,作为球团原料时需要控制用量。

## 5.1.2 铁精矿的粒级组成与比表面积

各铁精矿粒度组成和比表面积见表 5-2。

**表 5-2 铁精矿粒度组成和比表面积**

| 产品 | 各粒级含量/% | | | | 比表面积 /(cm$^2$/g) |
|---|---|---|---|---|---|
| | +0.074 mm | +0.045−0.074 mm | −0.074 mm | −0.045 mm | |
| 姑精 | 7.4 | 21.3 | 75.5 | 54.2 | 1 075 |
| 和睦精 417 | 17.7 | 18.9 | 82.3 | 63.4 | 1 020 |
| 和睦精 423 | 5.0 | 18.5 | 95.0 | 76.5 | 1 150 |
| 白象精 503 | 0.9 | 11.8 | 99.1 | 87.3 | 1 780 |
| 白象精 509 | 0.5 | 4.7 | 99.5 | 94.8 | 1 850 |

由表 5-2 可知,和睦精 423 和两批白象精的 −0.074 mm 粒级含量均大于 90%,仅和睦精 417 的 −0.074 mm 粒级含量在 80% 左右,姑精 −0.074 mm 的粒级含量为 70% 左右,粒度偏粗。从粒度特性来看,五种均基本满足球团生产需要。但是,从球团工艺来说,原料的比表面积为 1 500～2 100 cm$^2$/g 时造球性能良好,而姑精、和睦精的比表面积指标偏低,因此生产时需要做相应的预处理。

由于马钢炼铁总厂球团工序均采用了润磨工艺改善原料粒度特性,为更好地模拟现场情况,实验室使用小型润磨机进行原料预处理。

　　表5-3为马钢南区球团分厂1♯、2♯造球盘取样的生球、实验室混合造球料以及不同润磨时间条件下混合造球料的粒度组成。

表5-3　现场生球及混合造球料的粒度组成

| 产品 | 各粒级含量/% | | | |
| --- | --- | --- | --- | --- |
| | +0.074 mm | +0.045—0.074 mm | −0.074 mm | −0.045 mm |
| 南区1♯、2♯造球盘生球 | 4.9 | 12.5 | 95.1 | 82.6 |
| 基准配比造球料 | 8.4 | 15.6 | 91.6 | 76.0 |
| 基准润磨30 min | 7.4 | 14.9 | 92.6 | 71.7 |
| 基准润磨60 min | 6.6 | 12.9 | 93.4 | 80.5 |
| 基准润磨90 min | 5.9 | 11.3 | 94.1 | 82.8 |
| 基准润磨120 min | 5.5 | 13.2 | 94.5 | 81.3 |
| 基准润磨180 min | 4.7 | 11.8 | 95.3 | 83.5 |

　　注:基准配比为凹精52%+东精13%+和睦精(417)13%+白象精(509)8%+张庄14%。

　　由表5-3可知,1♯、2♯造球盘生球的−0.074 mm粒级含量达到95.1%,−0.045 mm粒含量也高达82.6%;未经润磨的基准配比造球料的−0.074 mm粒级含量为91.6%,−0.045 mm粒级含量为76.0%,与现场造球原料有一定差距;当润磨时间为90 min时,−0.074 mm粒级含量与−0.045 mm粒级含量才与现场生球相当。

### 5.1.3　铁精矿颗粒形貌

　　铁精矿的颗粒形貌采用实验室进口JSM-6490LV扫描电子显微镜进行分析,结果见图5-1至图5-5。

　　分析图5-1至图5-5可知,姑精颗粒以颗粒状为主,边缘相对圆滑,外形对成球不利;和睦精417中+50 μm的颗粒较多,需要磨细;白象精外形以颗粒为主,兼有部分片状、条状,边缘相对锐利,有利于成球。

### 5.1.4　铁精矿静态成球性指数

　　铁精矿的静态成球性指数是一个综合评价铁精矿成球性能的参数,它可以反映物料的粒度组成、比表面积以及亲水性等性能,通常以铁精矿的最大分子水和最大毛细水进行计算。本项目铁精矿的静态成球性能见表5-4。

（a）放大 500 倍　　　　　　　　　　（b）放大 3 000 倍

图 5 - 1　姑精颗粒形貌

（a）放大 500 倍　　　　　　　　　　（b）放大 3 000 倍

图 5 - 2　白象精 503 颗粒形貌

（a）放大 500 倍　　　　　　　　　　（b）放大 3 000 倍

图 5 - 3　白象精 509 颗粒形貌

(a)放大 500 倍　　　　　　　　　(b)放大 3 000 倍

图 5 - 4　和睦精 417 颗粒形貌

(a)放大 500 倍　　　　　　　　　(b)放大 3 000 倍

图 5 - 5　和睦精 423 颗粒形貌

表 5 - 4　铁精矿的静态成球性能

| 产品 | 最大分子水/% | 最大毛细水/% | 静态成球性指数 | 成球性评价 |
|---|---|---|---|---|
| 姑精 | 9.49 | 18.33 | 1.07 | 优等 |
| 白象精 509 | 8.31 | 16.32 | 1.04 | 优等 |
| 白象精 503 | 8.40 | 19.39 | 0.76 | 良好 |
| 和睦精 417 | 7.12 | 15.92 | 0.81 | 优等 |
| 和睦精 423 | 7.49 | 17.40 | 0.76 | 良好 |

## 5.1.5　膨润土的物理性质

生球制备主要添加飞尚 521 批次膨润土,其他涉及的膨润土包括飞尚 510 批次和康泰 509 批次,其主要物理性质见表 5-5。

表 5-5　生球制备用膨润土主要物理性质

| 膨润土 | 胶质价/% | 膨胀容/(mL/g) | 吸水率/% | 吸蓝量/(g/g) | 蒙脱石/% |
|---|---|---|---|---|---|
| 飞尚 521 | 81 | 17 | 365.4 | 24.0 | 54.3 |
| 飞尚 510 | 82 | 18 | 359.0 | 22.5 | 50.9 |
| 康泰 509 | 86 | 16 | 374.9 | 22.0 | 49.8 |

由表 5-5 可知,飞尚膨润土的膨胀容、吸蓝量和蒙脱石含量好于康泰膨润土,康泰膨润土在胶质价和吸水率方面占优。从颗粒形貌(图 5-6 至图 5-8)来看,飞尚膨润土呈球状,在更高倍数下显示为层片状硅酸盐的圆形聚集物,表面粗糙;康泰膨润土颗粒形状呈不规则状,更高倍数下显示除存在层片状硅酸盐聚集体外,还存在部分表面光滑的颗粒物。

（a）放大 200 倍

（b）放大 1 000 倍

图 5-6　飞尚膨润土 521 颗粒形貌

（a）放大 200 倍

（b）放大 1 000 倍

图 5-7　飞尚膨润土 510 颗粒形貌

（a）放大 200 倍　　　　　　　　　　　（b）放大 1 000 倍

**图 5－8　康泰膨润土 509 颗粒形貌**

## 5.2　姑球精配制与生球制备试验研究

首先需要在矿浆状态下将姑精、和睦山精及白象精 3 种精矿按比例混匀配制成姑山造球精（以下简称"姑球精"）。其中，姑球精 1♯～3♯ 中，姑精配比分别为 5.00％、10.00％和 15.00％，3 种姑球精中的白象精与和睦精的混匀比例固定为 2.5∶1。姑球精 4♯～6♯ 中，按白象精与和睦精产能分别为 110 万 t/a 和 40 万 t/a 确定，姑精产能分别按 10 万 t、15 万 t 和 20 万 t 调整，3 种姑球精中姑精的配比分别为 6.25％、9.09％和 11.76％。姑球精矿具体配比见表 5－6。

**表 5－6　姑球精矿配制比例**

| 产品 | 各铁精矿配比/％ | | |
| --- | --- | --- | --- |
| | 姑精 | 白象精 | 和睦精 |
| 姑球精 1♯ | 5.00 | 67.85 | 27.15 |
| 姑球精 2♯ | 10.00 | 64.30 | 25.70 |
| 姑球精 3♯ | 15.00 | 60.70 | 24.30 |
| 姑球精 4♯ | 6.25 | 68.75 | 25.00 |
| 姑球精 5♯ | 9.09 | 66.67 | 24.24 |
| 姑球精 6♯ | 11.76 | 64.71 | 23.53 |

### 5.2.1 姑球精制备

将姑精、和睦精和白象精按表 5-6 所示比例进行混匀,并加水调制成浓度为 60% 的矿浆,在 U 形搅拌槽中充分搅拌 12 min,倒入方形容器中静置,排出部分上清液后,晾晒干备用。

根据各矿的比例和化学成分计算所得 6 种姑球精的主要化学成分,结果见表 5-7。其中,姑球精 1#、2#、4#、5#、6# 的 TFe 品位均高于 65%,姑球精 3# 的品位略低于 65%,基本能够满足原马钢南区竖炉和北区链窑对球团原料的品质要求。

表 5-7 姑球精化学成分计算结果

| 姑球精 | 姑球精各成分计算值/% | | | | | | | | 烧失量 |
|---|---|---|---|---|---|---|---|---|---|
| | TFe | FeO | $SiO_2$ | CaO | MgO | $Al_2O_3$ | S | P | |
| 1# | 65.57 | 27.98 | 3.72 | 1.22 | 1.43 | 0.70 | 0.23 | 0.10 | −1.82 |
| 2# | 65.16 | 24.09 | 4.10 | 1.20 | 1.38 | 0.71 | 0.22 | 0.11 | −1.90 |
| 3# | 64.74 | 22.94 | 4.48 | 1.19 | 1.33 | 0.72 | 0.21 | 0.12 | −1.98 |
| 4# | 65.59 | 24.56 | 3.84 | 0.95 | 1.42 | 0.63 | 0.14 | 0.11 | −1.67 |
| 5# | 65.35 | 23.91 | 4.06 | 0.95 | 1.39 | 0.64 | 0.13 | 0.12 | −1.72 |
| 6# | 65.13 | 23.30 | 4.26 | 0.95 | 1.37 | 0.65 | 0.13 | 0.12 | −1.77 |

图 5-9 为姑精配比与姑球精 TFe 品位的关系,经线性拟合可知,姑精配比每提高 1%,姑球精 TFe 下降 0.074%;在试验原料成分条件下,当姑球精中的姑精配比为 13.3% 时,姑球精 TFe 为 65%。

### 5.2.2 基准配比生球制备

根据原马钢南区总厂竖炉球团配矿比,确定竖炉原料条件基准配比和竖炉原料条件姑球精试验配比;根据马钢北区总厂链箅机-回转窑配矿比确定链窑原料条件基准配比和链窑原料条件姑球精试验配比。具体见表 5-8、表 5-9。

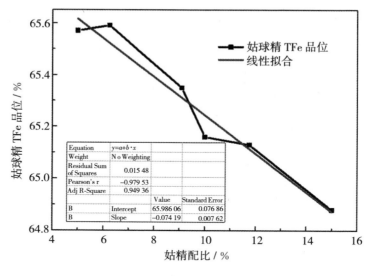

**图 5-9  姑精配比与姑球精 TFe 品位的关系**

**表 5-8  竖炉原料条件试验配比**

| 方案 | 原料配比/% | | | | | | | |
|---|---|---|---|---|---|---|---|---|
| | 凹精 | 东精 | 张庄 | 和睦 | 白象 | 姑球精1# | 姑球精2# | 姑球精3# |
| 竖炉基准 | 52 | 13 | 14 | 13 | 8 | 0 | 0 | 0 |
| 1# | 52 | 13 | 14 | 0 | 0 | 21 | 0 | 0 |
| 2# | 52 | 13 | 14 | 0 | 0 | 0 | 21 | 0 |
| 3# | 52 | 13 | 14 | 0 | 0 | 0 | 0 | 21 |

**表 5-9  链窑原料条件试验配比**

| 方案 | 原料配比/% | | | | | | |
|---|---|---|---|---|---|---|---|
| | 张庄 | 金安 | 凹精 | 白象 | 姑球精4# | 姑球精5# | 姑球精6# |
| 链窑基准 | 10 | 18 | 38 | 34 | 0 | 0 | 0 |
| 4# | 10 | 18 | 38 | 0 | 34 | 0 | 0 |
| 5# | 10 | 18 | 38 | 0 | 0 | 34 | 0 |
| 6# | 10 | 18 | 38 | 0 | 0 | 0 | 34 |

在 2 种基准配比、未经润磨、膨润土用量为 1.8%、复合黏结剂用量为 0.4%、混合料水分为 6.4%~6.5%、造球时间为 20 min 的条件下,开展了生球制备实验,结果见表 5-10、表 5-11。

表 5-10 "竖炉球团"基准配比生球制备试验结果

| 方案 | 落下强度/(次/0.5 m) | 抗压强度/(N/P) | 用料水分/% | 生球水分/% |
|---|---|---|---|---|
| 竖炉基准 1 | 1.6 | 12.0 | 6.4 | 7.3 |
| 竖炉基准 2 | 1.7 | 14.5 | 6.4 | 7.6 |
| 竖炉基准 3 | 2.5 | 15.5 | 6.5 | 7.4 |
| 竖炉基准平均 | 1.9 | 14.0 | 6.4 | 7.43 |
| 南区球团现场 | 7.0 | 14.2 | — | 8.75 |

表 5-11 "链窑球团"基准配比生球制备试验结果

| 方案 | 落下强度/(次/0.5 m) | 抗压强度/(N/P) | 用料水分/% | 生球水分/% |
|---|---|---|---|---|
| 链窑基准 1 | 2.5 | 13.7 | 6.5 | 7.5 |
| 链窑基准 2 | 2.1 | 14.5 | 6.5 | 7.4 |
| 链窑基准 3 | 2.6 | 14.4 | 6.5 | 7.6 |
| 链窑基准平均 | 2.4 | 14.2 | 6.5 | 7.5 |
| 北区现场 | 7.8 | 14.7 | — | 8.10 |

由表 5-10、表 5-11 可知,在生产现场黏结剂配比下,不经过润磨预处理时,实验室生球的落下强度平均分别为 1.9 次/0.5 m 和 2.4 次/0.5 m,远低于相应生产现场生球质量。一方面,试验原料未经润磨,原料粒度较现场造球物物料粒度粗;另一方面,实验室圆盘造球机规格较小,且造球原料用量仅为 5 kg,实验室成球过程中生球所受机械作用与现场生球所受机械作用相差较大。

实验室润磨机润磨时间对竖炉基准和链窑基准混合料-0.074 mm 粒级含量和生球质量的影响见表 5-12、表 5-13。

表 5－12　润磨时间对竖炉基准配比生球质量的影响

| 润磨时间/min | －0.074 mm 含量/% | 抗压强度/(N/P) | 落下强度/(次/0.5 m) | 生球水分/% |
| --- | --- | --- | --- | --- |
| 0 | 91.3 | 14.0 | 1.9 | 7.43 |
| 30 | 92.6 | 12.3 | 2.0 | 7.40 |
| 60 | 93.4 | 12.2 | 3.9 | 7.63 |
| 90 | 94.1 | 14.4 | 6.5 | 7.80 |
| 120 | 94.5 | 14.6 | 7.8 | 7.81 |
| 150 | 95.0 | 14.7 | 8.4 | 7.90 |
| 180 | 95.3 | 17.0 | 9.8 | 7.95 |

表 5－13　润磨时间对链窑基准配比生球质量的影响

| 润磨时间/min | －0.074 mm 含量/% | 抗压强度/(N/P) | 落下强度/(次/0.5 m) | 生球水分/% |
| --- | --- | --- | --- | --- |
| 0 | 91.5 | 14.2 | 2.4 | 7.51 |
| 30 | 92.2 | 14.3 | 2.7 | 7.45 |
| 60 | 93.1 | 15.2 | 5.2 | 7.65 |
| 90 | 93.8 | 15.5 | 8.2 | 7.86 |
| 120 | 94.3 | 16.6 | 9.5 | 7.80 |
| 150 | 94.5 | 16.7 | 9.9 | 7.73 |
| 180 | 95.1 | 17.5 | 10.2 | 7.94 |

由表 5－12、表 5－13 可知,在润磨水分为 6.5% 条件下,随着润磨时间从 0 延长至 180 min,竖炉基准混合料中 －0.074 mm 粒级含量由 91.3% 提高到 95.3%,生球落下强度由 1.9 次/0.5 m 提高到 9.8 次/0.5 m,落下强度由 14.0 N/P 提高到 17.0 N/P,适宜的生球水分由 7.43% 提高到 7.95%；链窑基准混合料中 －0.074 mm 粒级含量由 91.5% 提高到 95.1%,生球落下强度由 2.4 次/0.5 m 提高到 10.2 次/0.5 m,落下强度由 14.2 N/P 提高到 17.5 N/P,适宜的生球水分由 7.51% 提高到 7.94%。

表 5－14 为实验室润磨条件下,竖炉基准、链窑基准配比生球与生产现场生球质量对比,可见当竖炉基准配比润磨 90 min 时,其生球落下强度达到 6.5 次/0.5 m、抗压强度达到 14.4 N/P,生球质量与南区球团现场生球相当；当链窑基准配比润

磨 90 min 时，其生球落下强度达到 8.2 次/0.5 m，抗压强度达到 15.5 N/P，性能略优于北区现场生球质量。

表 5 - 14  基准配比润磨 90 min 生球与生产现场生球质量对比

| 生球来源 | 抗压强度/(N/P) | 落下强度/(次/0.5 m) | 生球水分/% |
|---|---|---|---|
| 南区球团现场 521 | 14.2 | 7.0 | 8.75 |
| 竖炉基准润磨 90 min | 14.4 | 6.5 | 7.80 |
| 北区现场 521 | 14.7 | 7.8 | 8.10 |
| 链窑基准润磨 90 min | 15.5 | 8.2 | 7.86 |

### 5.2.3 姑球精试验配比生球制备试验

在膨润土用量为 1.8%、复合黏结剂用量为 0.4%、润磨时间为 90 min、造球混合料水分为 6.0%～6.4%、造球时间为 20 min 的条件下，开展了试验配比生球制备试验，结果见表 5 - 15。

表 5 - 15  实验室润磨 90 min 姑球精基准配比生球质量比较

| 姑球精生球 | −0.074 mm 含量/% | 抗压强度/(N/P) | 落下强度/(次/0.5 m) | 用料水分/% | 生球水分/% |
|---|---|---|---|---|---|
| 竖炉基准 | 94.1 | 14.4 | 6.5 | 6.4 | 7.80 |
| 1# | 94.5 | 13.8 | 6.4 | 6.0 | 7.93 |
| 2# | 94.8 | 14.3 | 7.8 | 6.4 | 8.11 |
| 3# | 95.1 | 14.2 | 8.5 | 6.2 | 8.20 |
| 链窑基准 | 93.8 | 15.5 | 8.2 | 6.4 | 7.86 |
| 4# | 94.2 | 15.3 | 7.9 | 6.0 | 8.05 |
| 5# | 94.7 | 15.1 | 8.5 | 6.4 | 8.10 |
| 6# | 94.9 | 15.7 | 7.8 | 6.2 | 8.24 |

由表 5 - 15 可知，添加姑球精的混合料经过润磨后，−0.074 mm 粒级含量较基准配比有小幅度提高；随着姑精矿配比提高，混合料−0.074 mm 粒级含量提高的幅度增大，说明姑精矿与磁铁精矿相比有更好的润磨性能。

姑球精生球制备试验结果还表明，相同条件下，添加姑球精 1# 的生球与基准配比生球相比,生球质量相当;添加姑球精2♯和3♯的生球质量较基准配比的生球质量有明显改善;添加姑球精4♯～6♯的混合料润磨后—0.074mm粒级含量均有小幅提高,所得生球质量与链窑基准配比球团性能相当。

### 5.2.4 姑精粒度对生球质量的影响

姑精矿粒度较粗,生产中仍有细磨的可能性,磨矿5min和10min后姑精矿的—0.074mm粒级含量分别为87.4%和99.1%。根据姑精不同的磨矿细度和配比,按表5-16配制了7♯～12♯姑球精,在基准配比、膨润土用量为1.8%、复合黏结剂用量为0.4%、润磨时间为90min、造球混合料水分为6.0%～6.4%、造球时间为20min的条件下,开展了基准配比生球制备试验,结果见表5-17。

表5-16 姑球精7♯～12♯配制方案

| 方案 | 姑精磨矿时间/min | 姑精配比/% | 白象精配比/% | 和睦精配比/% |
|---|---|---|---|---|
| 姑球精7♯ | 5 | 5 | 67.85 | 27.15 |
| 姑球精8♯ | 5 | 10 | 64.30 | 25.70 |
| 姑球精9♯ | 5 | 15 | 60.70 | 24.30 |
| 姑球精10♯ | 10 | 5 | 67.85 | 27.15 |
| 姑球精11♯ | 10 | 10 | 64.30 | 25.70 |
| 姑球精12♯ | 10 | 15 | 60.70 | 24.30 |

表5-17 基准配比条件下姑球精7♯～12♯对生球质量的影响

| 方案 | 落下强度/(次/0.5m) | 抗压强度/(N/P) | 用料水分/% | 生球水分/% |
|---|---|---|---|---|
| 姑球精7♯ | 7.1 | 15.8 | 6.4 | 7.8 |
| 姑球精8♯ | 7.5 | 17.4 | 6.4 | 7.9 |
| 姑球精9♯ | 7.6 | 18.1 | 6.5 | 7.8 |
| 姑球精10♯ | 7.4 | 14.8 | 6.5 | 7.9 |
| 姑球精11♯ | 7.8 | 16.3 | 6.4 | 8.2 |
| 姑球精12♯ | 8.2 | 17.2 | 6.5 | 8.1 |

由表5-17可知,在姑精磨矿5min和10min两种条件下,随着姑精配比由5%提高到15%,生球的落下强度和抗压强度均呈提高趋势。姑精磨矿5min时,

生球落下强度由 7.1 次/0.5 m 提高到 7.6 次/0.5 m,抗压强度由 15.8 N/P 提高到 18.1 N/P;姑精磨矿 10 min 时,生球落下强度由 7.4 次/0.5 m 提高到 8.2 次/0.5 m,抗压强度由 14.8 N/P 提高到 17.2 N/P。两种条件下生球强度提高的幅度相当,说明细磨后的姑精对生球的强度提高有利。对比磨矿 5 min 和 10 min 的生球质量,磨矿 10 min 的姑精球团落下强度较磨矿 5 min 的姑精略高,但抗压强度略低。

## 5.2.5  小  结

(1)姑精配比对姑球精的品位影响较大。姑精配比每提高 1%,姑球精 TFe 下降 0.074%;在本试验条件下,当姑球精中的姑精配比约为 13.3% 时,姑球精 TFe 品位为 65%,继续提高姑精配比将导致姑球精 TFe 品位低于 65%。

(2)实验室润磨试验表明,润磨时间与混合料中的 −0.074 mm 粒级含量和生球落下强度呈近似线性正相关关系,当润磨时间达到 90 min 时,相应的实验室生球质量与生产现场的生球质量相当。

(3)姑精矿与磁铁精矿相比有更好的润磨性能,相同生球制备条件下,添加姑球精 1♯ 的生球与基准配比生球相比,生球质量相当;添加姑球精 2♯ 和 3♯ 的生球质量较竖炉基准配比生球质量明显改善。添加姑球精 4♯～6♯ 的混合料润磨后 −0.074 mm 粒级含量均有小幅度提高,所得生球质量比链窑基准配比球团质量略好。

(4)对配入姑球精的姑精进行磨矿处理,发现姑球精比较好磨,短时间磨矿即可使 −0.074 mm 粒级含量在 99% 以上。在磨矿 5 min 和 10 min 两种条件下,细磨姑精矿对生球的落下强度和抗压强度均有利,且随着姑球精中细磨姑精的配比由 5% 提高到 15%,生球强度持续提高。

## 5.3  姑球精球团焙烧试验研究

### 5.3.1  竖炉原料条件下姑球精球团焙烧试验

#### 5.3.1.1  预热焙烧条件对竖炉基准球团性能的影响

将膨润土用量为 1.8%、复合黏结剂用量为 0.4%、原料水分为 6.4%、润磨时间为 90 min 条件下制备的生球,在 100 ℃±10 ℃ 烘箱中烘干,取 12.5~15 mm 干球进行预热、焙烧试验。

(1)预热温度、时间的影响试验

在预热时间为 20 min、焙烧温度为 1 200 ℃、焙烧时间为 20 min 条件下,预热温度对竖炉基准球团抗压强度的影响见表 5－18;在预热温度为 950 ℃、焙烧温度为 1 200 ℃、焙烧时间为 20 min 条件下,预热时间对竖炉基准球团抗压强度的影响见表 5－19。

表 5－18　预热温度对竖炉基准球团抗压强度的影响

| 预热温度/℃ | 单个球抗压强度/(N/P) | | | | | | 平均抗压强度 /(N/P) |
|---|---|---|---|---|---|---|---|
| | 1 | 2 | 3 | 4 | 5 | 6 | |
| 900 | 2 887 | 2 934 | 2 539 | 3 659 | 3 534 | 2 541 | 3 016 |
| 950 | 3 357 | 3 674 | 2 375 | 2 262 | 4 019 | 3 465 | 3 192 |
| 1 000 | 3 023 | 3 640 | 2 259 | 2 332 | 3 417 | 3 712 | 3 064 |

表 5－19　预热时间对竖炉基准球团抗压强度的影响

| 预热时间/min | 单个球抗压强度/(N/P) | | | | | | 平均抗压强度 /(N/P) |
|---|---|---|---|---|---|---|---|
| | 1 | 2 | 3 | 4 | 5 | 6 | |
| 10 | 1 859 | 3 106 | 1 335 | 3 567 | 3 310 | 3 304 | 2 747 |
| 15 | 3 133 | 3 104 | 2 539 | 2 658 | 3 730 | 1 851 | 2 836 |
| 18 | 3 232 | 3 016 | 3 100 | — | — | — | 3 116 |
| 20 | 3 357 | 3 674 | 2 375 | 2 262 | 4 019 | 3 465 | 3 192 |
| 25 | 3 275 | 2 802 | 2 962 | 3 830 | 3 664 | 2 720 | 3 209 |
| 30 | 3 680 | 4 476 | 2 162 | 3 225 | 3 958 | 2 922 | 3 404 |

由表 5－18 可知,在预热温度为 950 ℃ 的条件下,竖炉基准球团平均抗压强度可达 3 192 N/P,与预热温度为 900 ℃ 和 1 000 ℃ 的条件下的球团强度相比,强度略高。因此,确定适宜预热温度为 950 ℃。

由表 5－19 可知,随着预热时间的延长,竖炉基准球团抗压强度提高,综合考虑抗压强度和能耗,确定适宜的预热时间为 18 min,该条件下球团平均强度达到 3 116 N/P。

(2)焙烧时间、温度的影响试验

在预热温度为950℃、预热时间为18 min、焙烧温度为1 200℃的条件下,焙烧时间对竖炉基准球团抗压强度的影响见表5－20;在预热温度为950℃、预热时间为18 min、焙烧时间为20 min的条件下,焙烧温度对竖炉基准球团抗压强度的影响见表5－21。

表5－20 焙烧时间对竖炉基准球团抗压强度的影响

| 焙烧时间/min | 单组球抗压强度/(N/P) | | | 平均抗压强度/(N/P) |
|---|---|---|---|---|
| | 1 | 2 | 3 | |
| 15 | 2 821 | 3 128 | 3 114 | 3 021 |
| 20 | 3 232 | 3 016 | 3 100 | 3 116 |
| 25 | 3 580 | 3 201 | 3 481 | 3 420 |

表5－21 焙烧温度对竖炉基准球团抗压强度的影响

| 焙烧温度/℃ | 单组球抗压强度/(N/P) | | | 平均抗压强度/(N/P) |
|---|---|---|---|---|
| | 1 | 2 | 3 | |
| 1 170 | 3 027 | 2 973 | 2 660 | 2 916 |
| 1 200 | 3 232 | 3 016 | 3 100 | 3 116 |
| 1 230 | 3 494 | 3 064 | 3 360 | 3 306 |

由表5－20可知,随着焙烧时间从15 min提高到25 min,竖炉基准球团抗压强度由3 021 N/P提高到3 420 N/P。考虑到焙烧时间延长太多,对生产率有不利影响,确定适宜的焙烧时间为20 min,此时球团平均抗压强度达到3 116 N/P。

由表5－21可知,随着焙烧温度从1 170℃提高到1 230℃,竖炉基准球团抗压强度由2 916 N/P提高到3 306 N/P。基于竖炉导风墙下沿区域的焙烧温度为1 230℃左右的常见生产状况,实验室研究选择1 230℃为基准球团适宜的焙烧温度,此时球团平均抗压强度达到3 306 N/P。

### 5.3.1.2 姑球精球团焙烧试验

以姑球精替代竖炉基准配比中的和睦精和白象精,在膨润土用量为1.8％、复合黏结剂用量为0.4％、原料水分为6.4％、润磨时间为90 min的条件下制备1♯～3♯姑球精生球;在100℃±10℃烘箱中烘干,取直径为12.5～15 mm的干球,在预热温度为 950 ℃、预热时间为 18 min、焙烧时间为 20 min 的条件下进行预热、焙烧试验。

(1)姑精配比对姑球精球团抗压强度的影响试验

在预热温度为 950 ℃、预热时间为 18 min、焙烧温度为 1 200 ℃、焙烧时间为 20 min 的条件下,姑精配比对姑球精球团抗压强度的影响见表 5-22。

表 5-22　姑精配比对姑球精球团抗压强度的影响

| 方案 | 单组球抗压强度/(N/P) | | | 平均抗压强度/(N/P) |
|---|---|---|---|---|
| | 1 | 2 | 3 | |
| 基准 | 3 232 | 3 016 | 3 100 | 3 116 |
| 1♯(姑精 5%) | 3 198 | 2 801 | 3 141 | 3 047 |
| 2♯(姑精 10%) | 2 666 | 3 161 | 3 135 | 2 987 |
| 3♯(姑精 15%) | 2 781 | 3 064 | 2 846 | 2 897 |

由表 5-22 可知,在相同的预热焙烧条件下,添加姑球精的球团强度较竖炉基准配比球团强度有一定降低,且随着姑球精中姑精配比由 0% 提高到 15%,球团抗压强度由 3 116 N/P 降低到 2 897 N/P。由此可见,配加姑精(赤铁矿)对球团强度确有影响;总体上,在姑球精中每增加 5% 的姑精,球团强度下降约 70 N/P。

如果配入姑精的姑球精球团强度小幅下降后,仍然能满足工艺技术条件要求,则可以考虑将其直接应用于生产;也可以通过适当的球团生产工艺操作参数的微调(如适当提高焙烧温度、适当延长预热焙烧时间等)来抵消姑精配入引起的姑球精球团强度小幅下降的影响,实现姑精用于球团生产的目的。

(2)焙烧温度对姑球精球团抗压强度的影响试验

在预热温度 950 ℃、预热时间 18 min、焙烧时间 20 min 的条件下,焙烧温度对 3 种姑球精球团抗压强度的影响见表 5-23。

表 5-23　焙烧温度对 3 种姑球精球团抗压强度的影响

| 焙烧温度/℃ | 1♯平均抗压强度/(N/P) | 2♯平均抗压强度/(N/P) | 3♯平均抗压强度/(N/P) |
|---|---|---|---|
| 1 170 | 2 887 | 2 809 | 2 755 |
| 1 200 | 3 047 | 2 987 | 2 897 |
| 1 230 | 3 299 | 3 141 | 3 006 |

由表 5-23 可知,随着焙烧温度的上升,姑球精球团的强度呈线性提高。以实验室数据估计,对姑球精 1♯ 球团而言,要达到基准球在 1 200 ℃ 焙烧的抗压强度 3 116 N/P,其焙烧温度需达到 1 206 ℃;对姑球精 2♯ 球团而言,要达到强度 3 116 N/P,其焙烧温度需达到 1 225 ℃;对姑球精 3♯ 球团而言,要达到强度 3 116 N/P,其焙烧温度需达到 1 255 ℃。这说明,通过提高焙烧温度,可以使 1♯～3♯ 姑球精球团达到与竖炉基准球团相同的抗压强度,使姑精得以用于竖炉球团生产,实现资源的合理利用。

(3)姑球精粒度对球团抗压强度的影响试验

在预热温度为 950 ℃、预热时间为 18 min、焙烧温度为 1 200 ℃、焙烧时间为 20 min 的条件下,添加不同细度和用量的姑球精 7♯～12♯ 对姑球精球团抗压强度的影响见表 5-24。

表 5-24　姑球精粒度对球团抗压强度的影响

| 方案 | 单个球抗压强度/(N/P) | | | | | | | | 平均抗压强度/(N/P) |
|---|---|---|---|---|---|---|---|---|---|
| | 1 | 2 | 3 | 4 | 5 | 6 | 7 | 8 | |
| 姑球精 7♯ 球 | 3 495 | 3 318 | 4 688 | 2 990 | 3 205 | 3 571 | 2 551 | 3 491 | 3 412 |
| 姑球精 8♯ 球 | 3 725 | 3 436 | 3 633 | 3 573 | 3 642 | 2 769 | 2 774 | 2 972 | 3 316 |
| 姑球精 9♯ 球 | 2 740 | 3 656 | 4 208 | 2 728 | 2 843 | 2 970 | 3 392 | 3 854 | 3 299 |
| 姑球精 10♯ 球 | 3 816 | 3 500 | 3 611 | 3 044 | 2 916 | 3 723 | 3 234 | 3 627 | 3 434 |
| 姑球精 11♯ 球 | 2 953 | 3 029 | 2 786 | 3 197 | 3 163 | 3 824 | 3 905 | 4 138 | 3 374 |
| 姑球精 12♯ 球 | 3 795 | 3 220 | 2 813 | 2 489 | 4 527 | 3 491 | 3 342 | 2 724 | 3 300 |

由表 5-24 可知,相同的预热焙烧条件下,添加细磨 5 min 姑精制备的 7♯～9♯ 球团平均抗压强度均在 3 000 N/P 以上,但随着姑球精中姑精配比由 5% 提高到 15%,焙烧球强度由 3 412 N/P 降低到 3 299 N/P,说明细磨姑精的添加对球团强度有一定的不利影响;相同的预热焙烧条件下,添加细磨 10 min 姑精制备的 10♯～12♯ 球团平均抗压强度均在 3 000 N/P 以上,但随着姑球精中姑精配比由 5% 提高到 15%,焙烧球强度由 3 434 N/P 降低到 3 300 N/P,说明细磨姑精的添加对球团强度有一定的不利影响。

## 5.3.2　链篦机-回转窑原料条件的姑球精球团焙烧试验

### 5.3.2.1　预热焙烧条件对链窑基准球团性能的影响

将膨润土用量为1.8%、复合黏结剂用量为0.4%、原料水分为6.4%、润磨时间为90 min条件下制备的生球,在100 ℃±10 ℃烘箱中烘干,取直径为12.5～15 mm的干球进行预热、焙烧试验。

(1)预热温度、时间的影响试验

在预热时间为20 min、焙烧温度为1200 ℃、焙烧时间为20 min的条件下,预热温度对链窑基准球团抗压强度的影响见表5-25;在预热温度为950 ℃、焙烧温度为1200 ℃、焙烧时间为20 min的条件下,预热时间对链窑基准球团抗压强度的影响见表5-26。

表 5-25　预热温度对链窑基准球团抗压强度的影响

| 预热温度/℃ | 单个球抗压强度/(N/P) | | | | | | | | | | 平均抗压强度/(N/P) |
|---|---|---|---|---|---|---|---|---|---|---|---|
| | 1 | 2 | 3 | 4 | 5 | 6 | 7 | 8 | 9 | 10 | |
| 900 | 4 303 | 5 333 | 3 319 | 3 285 | 3 480 | 3 519 | 3 931 | 2 535 | 4 087 | 4 062 | 3 748 |
| 950 | 4 230 | 3 416 | 3 767 | 2 924 | 3 996 | 3 819 | 4 068 | 3 430 | 4 866 | 3 822 | 3 819 |
| 1 000 | 3 831 | 3 954 | 3 834 | 3 711 | 4 160 | 3 609 | 3 831 | 4 728 | 3 834 | 4 142 | 3 912 |

表 5-26　预热时间对链窑基准球团抗压强度的影响

| 预热时间/min | 单个球抗压强度/(N/P) | | | | | | | | | | 平均抗压强度/(N/P) |
|---|---|---|---|---|---|---|---|---|---|---|---|
| | 1 | 2 | 3 | 4 | 5 | 6 | 7 | 8 | 9 | 10 | |
| 10 | 3 617 | 3 214 | 5 809 | 3 292 | 3 883 | 3 381 | 3 604 | 3 569 | 3 700 | 3 039 | 3 533 |
| 15 | 3 603 | 3 556 | 3 802 | 3 080 | 5 080 | 3 745 | 3 546 | 3 191 | 3 716 | 3 950 | 3 639 |
| 18 | 3 669 | 2 799 | 3 652 | 3 616 | 4 436 | 3 971 | 3 440 | 3 456 | 5 130 | 3 975 | 3 777 |
| 20 | 4 230 | 3 416 | 3 767 | 2 924 | 3 996 | 3 819 | 4 068 | 3 430 | 4 866 | 3 822 | 3 819 |
| 25 | 2 822 | 3 215 | 2 288 | 6 113 | 3 454 | 4 056 | 3 756 | 3 921 | 4 238 | 5 343 | 3 851 |
| 30 | 3 654 | 3 712 | 4 020 | 2 927 | 3 906 | 4 744 | 4 413 | 3 459 | 3 480 | 4 289 | 3 867 |

由表5-25可知,随着预热温度由900 ℃提高到1000 ℃,链窑基准球团平均抗压强度由3748 N/P提高到3912 N/P。综合考虑,选择950 ℃为链窑基准配比适宜

预热温度。

由表 5-26 可知,随着预热时间由 10 min 延长至 30 min,链窑基准球团平均抗压强度由 3 533 N/P 提高到 3 867 N/P,由于实验室预热球团相对静止,$O_2$ 靠扩散与球团接触,但生产现场为高温气流穿过链箅机料层而与球团发生传热、传质,因此实验室预热球团需要更充分氧化,才能获得与生产相当的球团强度。但当预热时间大于 18 min 后,球团强度提高幅度减小,综合考虑,选择 18 min 为适宜的预热时间,该条件下,球团平均抗压强度达到 3 777 N/P。

(2)焙烧时间、温度对球团抗压强度的影响试验

在预热温度为 950 ℃、预热时间为 18 min、焙烧温度为 1 200 ℃ 的条件下,焙烧时间对链窑基准球团抗压强度的影响见表 5-27;在预热温度为 950 ℃、预热时间为 18 min、焙烧时间为 20 min 的条件下,焙烧温度对链窑基准球团抗压强度的影响见表 5-28。

表 5-27 焙烧时间对链窑基准球团抗压强度的影响

| 焙烧时间/min | 单个球抗压强度/(N/P) | | | | | | | | | | 平均抗压强度/(N/P) |
|---|---|---|---|---|---|---|---|---|---|---|---|
| | 1 | 2 | 3 | 4 | 5 | 6 | 7 | 8 | 9 | 10 | |
| 15 | 3 072 | 3 850 | 3 527 | 3 756 | 4 534 | 3 484 | 3 047 | 3 785 | 3 675 | 3 034 | 3 525 |
| 20 | 3 669 | 2 799 | 3 652 | 3 616 | 4 436 | 3 971 | 3 440 | 3 456 | 5 130 | 3 975 | 3 777 |
| 25 | 4 005 | 5 217 | 4 301 | 3 774 | 4 381 | 5 141 | 3 311 | 3 840 | 3 081 | 2 810 | 3 945 |

表 5-28 焙烧温度对链窑基准球团抗压强度的影响

| 焙烧温度/℃ | 单个球抗压强度/(N/P) | | | | | | | | | | 平均抗压强度/(N/P) |
|---|---|---|---|---|---|---|---|---|---|---|---|
| | 1 | 2 | 3 | 4 | 5 | 6 | 7 | 8 | 9 | 10 | |
| 1 170 | 3 235 | 3 161 | 3 160 | 2 558 | 2 981 | 3 451 | 3 031 | 2 129 | 3 232 | 3 974 | 2 851 |
| 1 200 | 3 669 | 2 799 | 3 652 | 3 616 | 4 436 | 3 971 | 3 440 | 3 456 | 5 130 | 3 975 | 3 777 |
| 1 230 | 4 386 | 2 503 | 3 767 | 3 492 | 4 375 | 4 580 | 4 356 | 3 492 | 3 523 | 4 698 | 3 996 |

由表 5-27 可知,随着焙烧时间从 15 min 提高到 25 min,球团平均抗压强度由 3 525 N/P 提高到 3 945 N/P。综合考虑,选择 20 min 为基准球团适宜的焙烧时间,此时,球团平均抗压强度达到 3 777 N/P。

由表 5-28 可知,随着焙烧温度从 1 170 ℃ 提高到 1 230 ℃,链窑基准球团平均

抗压强度由2851N/P提高到3996N/P。综合考虑,实验室研究选择1200℃为链窑基准球团适宜的焙烧温度,此时球团平均抗压强度达到3777N/P。

### 5.3.2.2 链窑姑球精球团焙烧试验

以姑球精替代基准配比中的和睦精和白象精,在膨润土用量为1.8%、复合黏结剂用量为0.4%、原料水分为6.4%、润磨时间为90 min的条件下制备4♯~6♯姑球精生球;在100℃±10℃烘箱中烘干,取直径为12.5~15 mm的干球,在预热温度为950℃、预热时间为18 min、焙烧时间为20 min的条件下进行预热、焙烧试验。

(1)姑精配比对姑球精球团抗压强度的影响

在预热温度为950℃、预热时间为18 min、焙烧温度为1200℃、焙烧时间为20 min的条件下,姑精配比对姑球精球团抗压强度的影响见表5-29。

表5-29  姑精配比对姑球精球团抗压强度的影响

| 方案 | 单个球抗压强度/(N/P) | | | | | | | | | | 平均抗压强度/(N/P) |
|---|---|---|---|---|---|---|---|---|---|---|---|
| | 1 | 2 | 3 | 4 | 5 | 6 | 7 | 8 | 9 | 10 | |
| 基准 | 3 669 | 2 799 | 3 652 | 3 616 | 4 436 | 3 971 | 3 440 | 3 456 | 5 130 | 3 975 | 3 777 |
| 4♯ | 3 424 | 4 377 | 2 536 | 3 512 | 3 109 | 3 555 | 3 388 | 3 173 | 3 513 | 4 769 | 3 506 |
| 5♯ | 2 150 | 2 300 | 4 299 | 2 984 | 2 896 | 3 883 | 1 733 | 2 839 | 3 580 | 4 110 | 3 087 |
| 6♯ | 2 723 | 3 092 | 2 871 | 2 795 | 2 122 | 3 099 | 2 621 | 2 794 | 2 630 | 2 847 | 2 797 |

由表5-29可知,在相同的预热焙烧条件下,添加姑球精球团的抗压强度较链窑基准球团强度有一定降低,且随着姑球精中姑精配比由0%提高到11.76%,球团抗压强度由3777N/P降低到2797N/P。由此可见,链窑基准配比基础上配加姑精对球团强度影响更大;总体上,在姑球精中每增加4%的姑精,球团强度下降约327N/P。

因此,如果配入姑精(如6.25%)的姑球精球团强度小幅度下降后,仍然能满足工艺技术条件要求,则可以考虑将姑精直接应用于链窑球团生产;也可以通过球团生产工艺操作参数的调整,来抵消姑精配入引起的姑球精球团强度大幅度下降的影响,实现将姑精完全用于球团生产的目的。

（2）焙烧温度对姑球精球团抗压强度的影响

在预热温度为 950 ℃、预热时间为 18 min、焙烧时间为 20 min 的条件下，焙烧温度对 3 种姑球精球团平均抗压强度的影响见表 5 - 30。

表 5 - 30　焙烧温度对 3 种姑球精球团抗压强度的影响

| 焙烧温度/℃ | 4♯平均抗压强度 /(N/P) | 5♯平均抗压强度 /(N/P) | 6♯平均抗压强度 /(N/P) |
| --- | --- | --- | --- |
| 1170 | 3 161 | 2 614 | 2 417 |
| 1200 | 3 506 | 3 087 | 2 797 |
| 1230 | 4 120 | 3 659 | 3 514 |

由表 5 - 30 可知，随着焙烧温度的上升，姑球精球团的平均抗压强度提高。以实验室数据估计，对于姑球精 4♯ 球团而言，要达到链窑基准球团在 1200 ℃ 焙烧下的抗压强度为 3 777 N/P，其焙烧温度需达到 1213 ℃；对于姑球精 5♯ 球团而言，要达到抗压强度为 3 777 N/P，其焙烧温度需达到 1236 ℃；对于姑球精 6♯ 球团而言，要达到抗压强度为 3 777 N/P，其焙烧温度需达到 1241 ℃。这说明，通过适当提高焙烧温度可以使 4♯～6♯ 姑球精球团达到与链窑基准球团相同的抗压强度，使姑精可以用于链窑球团生产。

## 5.3.3　小　结

（1）竖炉与链窑基准方案球团适宜的预热温度为 950 ℃，预热时间为 18 min，焙烧温度为 1 200 ℃，焙烧时间为 20 min。该条件下，竖炉和链窑基准球团平均抗压强度分别可达 3 192 N/P 和 3 777 N/P。

（2）在相同的预热焙烧条件下，添加姑球精的球团强度较竖炉基准配比球团强度有一定降低，在姑球精中每增加 5% 的姑精，球团强度下降约 70 N/P。通过提高焙烧温度可以使 1♯～3♯ 姑球精球团达到与竖炉基准球团相同的抗压强度，使姑精得以用于竖炉球团生产，从而实现资源的合理利用。链窑基准配比基础上配加姑精（赤铁矿）对球团强度影响更大。总体上，在姑球精中每增加 4% 的姑精，球团强度下降约 327 N/P。通过适当提高焙烧温度可以使 4♯～6♯ 姑球精球团达到与链窑基准球团相同的抗压强度，使姑精可以用于链窑球团生产。

(3)添加细磨 5～10 min 姑精制备的 7♯～12♯球团的平均抗压强度均在 3 000 N/P 以上,但随着姑球精中姑精配比由 5%提高到 15%,球团的平均抗压强度降低,说明添加细磨姑精对球团抗压强度有一定的不利影响。与添加不进行细磨的姑精相比,添加细磨姑精的球团抗压强度降低幅度有减小趋势,说明细磨姑精对球团抗压强度的提高有利,但幅度并不大。

**5.4 工业投笼试验**

### 5.4.1 南区竖炉工业投笼试验

在膨润土用量为 1.8%、复合黏结剂用量为 0.4%、原料水分为 6.4%、润磨时间为 90 min 的条件下制备基准生球和 1♯～3♯批次姑球精生球;在 100 ℃±10 ℃烘箱中烘干,取直径为 12.5～15 mm 的干球,装入尺寸为 30 mm×75 mm×110 mm 的长方体 Cr25Ni20 耐高温钢球笼中,每笼装球量为 300～500 g,每组试验投笼数为 6 个,共计 24 笼球。

球笼投入原马钢南区总厂球团分厂 1 号竖炉的干燥床的不同位置,干燥床两侧各投 3 个球笼,球笼随工业球团流入竖炉并自上而下被预热、焙烧和冷却,4 h 后于链板运输机或成品皮带运输机上回收球笼。

本次竖炉工业试验共计投放 24 笼,回收姑球精球团球笼 10 组、基准球团球笼 4 组,每组检测 100 个球团用于统计球团抗压强度。其中,姑球精 1♯球团因回收数量不够,未纳入统计。南区竖炉球团抗压强度测试结果见图 5-10。

由图 5-10 可知,生产现场的球团和投笼球团的强度分布均较宽,在 200～6 000 N/P 范围内,这与竖炉球团炉内温度场分布不均匀的特点相符。

若以 1 500 N/P 为界划分球团的低强度区和高强度区,则现场取样球团低强度区球团占比为 39%,平均抗压强度为 840 N/P,高强度区球团占比为 61%,平均抗压强度为 2 763 N/P;基准配比投笼球团,低强度区球团占比为 33%,平均抗压强度为 679 N/P,高强度区球团占比为 67%,平均抗压强度为 3 883 N/P;姑球精 2♯投笼球团,低强度区球团占比为 8%,平均抗压强度为 995 N/P,高强度区球团占比为 92%,平均抗压强度为 3 739 N/P;球精 3♯投笼球团,低强度区球团占比为 23%,

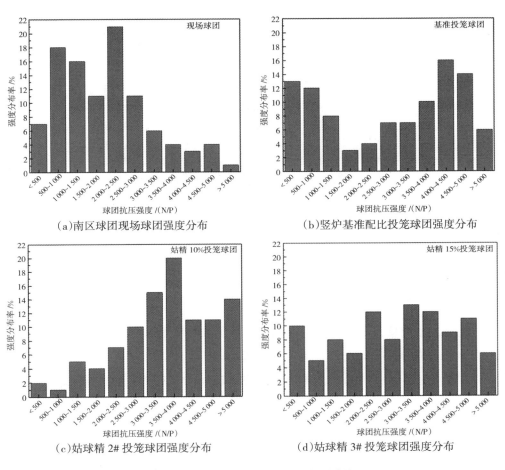

（a）南区球团现场球团强度分布　　　　　（b）竖炉基准配比投笼球团强度分布

（c）姑球精 2# 投笼球团强度分布　　　　　（d）姑球精 3# 投笼球团强度分布

图 5-10　南区竖炉球团抗压强度测试结果

平均抗压强度为 715 N/P,高强度区球团占比为 77%,平均抗压强度为 3 537 N/P。

　　图 5-11 为竖炉现场球团与投笼球团分区平均抗压强度比较,结果显示,与现场球团相比,投笼球团高强度区平均抗压强度较高,初步分析与投笼球团投笼时为干球且有球笼起保护和支撑作用有关。投笼球团中,姑球精 2♯、3♯ 球团高强度区强度较竖炉基准球团强度分别降低 144 N/P 和 346 N/P,与实验室试验趋势一致,强度下降幅度也基本相当。说明以一定量的姑球精取代和睦精和白象精,对竖炉球团的强度有一定的不利影响,但球团强度降低的幅度不大,生产中可以通过适当调整焙烧温度等工艺参数来提高球团强度,使姑球精球团强度满足生产需要。

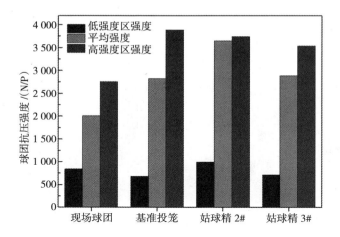

图 5－11　竖炉现场球团与投笼球团分区平均抗压强度比较

## 5.4.2　北区链窑工业投笼试验

在膨润土用量为 1.8％、复合黏结剂用量为 0.4％、原料水分为 6.4％、润磨时间为 90 min 的条件下制备基准生球和不同姑球精生球；在 100 ℃±10 ℃烘箱中烘干，取 12.5～15 mm 干球，装入 $\phi$100 mm、H105 mm 的 $Cr_{25}Ni_{20}$ 耐高温钢球笼，每笼装球量为 1 300～1 400 g，每组试验投笼数为 4 个，其中链窑基准配比和 5♯每组额外增加 3 笼球，共计 22 笼球。图 5－12 为投笼标记示意。

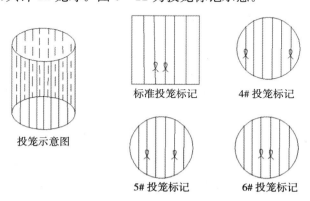

图 5－12　投笼标记示意

球笼投入原马钢北区总厂球团分厂链篦机的不同位置。另外,取 7.5 kg 现场球团用于对比,现场球团进行转鼓后通过摇筛,其中筛下 0.19 kg,筛上 7.31 kg。

本次工业试验共计投放 22 笼,回收姑球精球团 16 笼、链窑基准球团 6 笼,每组检测 100 个球团用于统计球团抗压强度,北区链窑球团抗压强度测试结果见图 5-13。

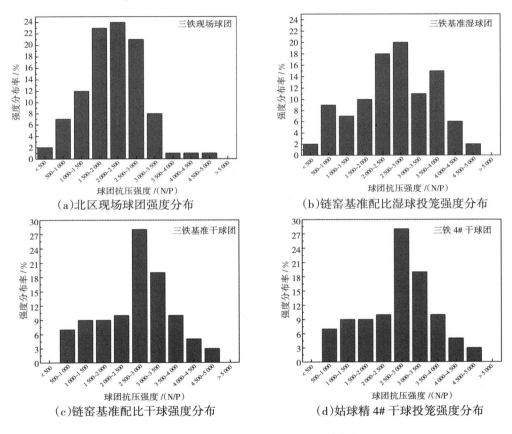

图 5-13 北区链窑球团抗压强度测试结果

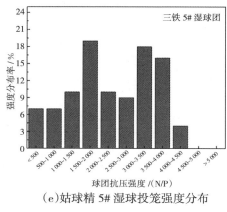

（e)姑球精 5# 湿球投笼强度分布

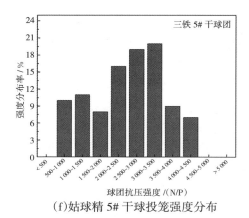

（f)姑球精 5# 干球投笼强度分布

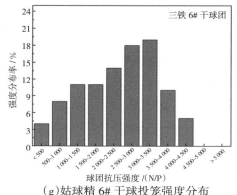

（g)姑球精 6# 干球投笼强度分布

图 5－13　北区链窑球团抗压强度测试结果(续)

由图 5－13 可知,北区链窑生产现场的球团和投笼球团的强度分布均较宽,在 200～5 000 N/P,分布范围较竖炉缩小。其中,1 000～3 500 N/P 球团占主要部分,以 1 500 N/P 为界划分球团的低强度区和高强度区,对现场球团及投笼球团的强度进行了分析:

(1)现场取样球团的总平均强度为 2 092 N/P。其中,低强度区球团占比为 21%,平均抗压强度为 996 N/P;高强度区球团占比为 79%,平均抗压强度为 2 384 N/P。

(2)北区基准配比湿球投笼球团总平均强度为 2 562 N/P。其中,低强度区球团占比为 18%,平均抗压强度为 877 N/P;高强度区球团占比为 82%,平均抗压强度为 2 932 N/P。

（3）北区基准配比干球投笼球团总平均强度为 2 684 N/P。其中,低强度区球团占比为 16%,平均抗压强度为 1 117 N/P;高强度区球团占比为 84%,平均抗压强度为 2 982 N/P。

（4）姑球精 4# 干球投笼球团总平均强度为 2 593 N/P。其中,低强度区球团占比为 16%,平均抗压强度为 876 N/P;高强度区球团占比为 84%,平均抗压强度为 2 920 N/P。

（5）姑球精 5# 湿球投笼球团总平均强度为 2 430 N/P。其中,低强度区球团占比为 24%,平均抗压强度为 807 N/P;高强度区球团占比为 76%,平均抗压强度为 2 942 N/P。

（6）姑球精 5# 干球投笼球团总平均强度为 2 508 N/P。其中,低强度区球团占比为 21%,平均抗压强度为 972 N/P;高强度区球团占比为 79%,平均抗压强度为 2 917 N/P。

（7）姑球精 6# 干球投笼球团总平均强度为 2 402 N/P。其中,低强度区球团占比为 23%,平均抗压强度为 912 N/P;高强度区球团占比为 77%,平均抗压强度为 2 847 N/P。

图 5-14 为链窑现场球团与投笼球团分区平均抗压强度比较。结果显示,与现场球团相比,链窑基准配比湿球和干球投笼球团的平均强度分别高 470 N/P 和 592 N/P,原因是投笼球团在转运和窑内滚动等静态、动态生产过程中全程受球笼保护,生球、干球和预热球承受的静压力小,在回转窑内焙烧过程中的滚动摩擦也较小。对比分析基准投笼和姑球精 5# 球团投笼发现,基准和 5# 为干球投笼时,所得球团抗压强度较湿球投笼分别高 122 N/P 和 78 N/P,原因是实验室中生球的干燥过程较生产中生球的干燥过程时间长、温度变化小,干球质量更好,有利于球团强度的提高。与基准投笼方案的干球投笼球团强度相比,姑球精 4#~6# 干球投笼球团的强度分别降低 91 N/P、176 N/P 和 282 N/P。说明姑球精的配比增加对球团强度有一定程度的不利影响,姑球精中姑精配比越高,姑球精对球团强度的不利影响越显著。

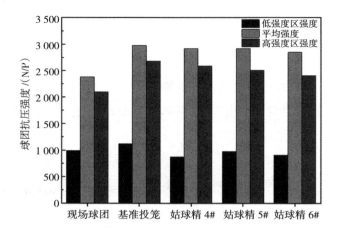

**图 5 - 14  北区链窑投笼试验各方案球团强度比较**

### 5.4.3  球团的化学成分、微观结构与冶金性能

#### 5.4.3.1  球团主要化学成分

球团的化学成分由马钢分析检测中心按国标采用络合滴定法进行检测,结果见表 5 - 31。结果表明,与现场球团相比,竖炉、链窑基准球团和姑球精投笼球团的FeO 含量和 S 含量略偏高,这主要是因为投笼球团被约束于球笼之中,其自由度较现场球团要差一些,这是周边氧化气氛略差导致的。

**表 5 - 31  工业球团与投笼球团的主要化学成分**

| 球团种类 | 球团各成分含量/% | | | | | | |
|---|---|---|---|---|---|---|---|
| | TFe | FeO | SiO$_2$ | CaO | MgO | Al$_2$O$_3$ | S |
| 南区球团现场球 | 62.90 | 0.25 | 5.73 | 0.57 | 0.63 | 1.54 | 0.005 |
| 竖炉基准 | 62.95 | 0.33 | 5.81 | 0.58 | 0.65 | 1.54 | 0.007 |
| 1♯球(5%) | 62.83 | 0.31 | 5.89 | 0.58 | 0.67 | 1.56 | 0.007 |
| 2♯球(10%) | 62.75 | 0.29 | 5.96 | 0.58 | 0.66 | 1.56 | 0.008 |
| 3♯球(15%) | 62.68 | 0.35 | 6.04 | 0.59 | 0.65 | 1.57 | 0.007 |
| 北区现场球 | 63.34 | 0.27 | 5.36 | 0.75 | 0.79 | 1.20 | 0.005 |
| 链窑基准球 | 63.31 | 0.39 | 5.39 | 0.75 | 0.76 | 1.21 | 0.009 |

续表

| 球团种类 | 球团各成分含量/% | | | | | | |
|---|---|---|---|---|---|---|---|
| | TFe | FeO | SiO₂ | CaO | MgO | Al₂O₃ | S |
| 4♯球(6.25%) | 63.50 | 0.35 | 5.40 | 0.74 | 0.73 | 1.20 | 0.010 |
| 5♯球(9.09%) | 63.48 | 0.38 | 5.48 | 0.74 | 0.73 | 1.20 | 0.008 |
| 6♯球(11.76%) | 63.38 | 0.34 | 5.55 | 0.74 | 0.72 | 1.21 | 0.008 |

从竖炉投笼球团检验结果看,姑球精 1♯～3♯球团随着姑球精配比的增加,球团的品位呈降低趋势,但 TFe 含量的降低幅度较低,姑球精配比每增加 5%,相应球团 TFe 降低 0.1%;球团的 SiO₂ 含量呈提高趋势,即姑球精配比每增加 5%,相应球团的 SiO₂ 含量提高 0.08%;球团的 CaO、MgO、Al₂O₃ 含量变化较小,无明显差别。

从链窑投笼球团检验结果看,姑球精 4♯～6♯球团随着姑球精配比的增加,球团的品位呈降低趋势,但 TFe 含量的降低幅度较低,姑球精配比每增加 5%,相应球团 TFe 降低 0.06%;球团的 CaO、MgO、Al₂O₃ 含量变化较小,无明显差别。

### 5.4.3.2　球团微观结构

选择代表性的球团矿,采用冷镶嵌—磨样—抛光的方法,制备成适合显微镜观察的光片,采用蔡司显微镜对球团矿的主要物相和微观结构进行分析。

图 5-15 为南区基准方案球团的代表性显微结构图,球团矿中主要的物相包括赤铁矿和铁橄榄石。从显微图片分析看,基准方案球团中赤铁矿物相占绝大部分,赤铁矿物相再结晶黏结成片,是球团具有较高强度的主要原因;球团内深灰色铁橄榄石零星呈单片、板状分布,对周边的赤铁矿连晶起到黏结作用;球团内孔洞尺寸介于 6～50 μm,呈海绵状均匀分布。

图 5-16 为南区竖炉姑球精 1♯球团的代表性显微结构图,球团矿中主要的物相包括赤铁矿和铁橄榄石。1200 ℃球团赤铁矿晶粒较基准方案赤铁矿晶粒小,且赤铁矿连晶成片的面积偏小,这是姑球精 1♯球团强度较基准球团强度降低的原因。在 1230 ℃条件下,球团内的物相种类没有明显变化,但赤铁矿的连晶面积明显增大,球团内孔洞也有变大、变圆的趋势。

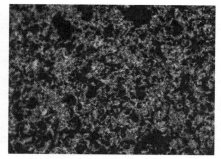

（a）南区基准球团 1 200 ℃（放大 100 倍）　　（b）南区基准球团 1 200 ℃（放大 200 倍）

亮白色—赤铁矿；深灰色—铁橄榄石；黑色—孔洞

**图 5 - 15　南区竖炉基准方案球团微观结构**

（a）南区姑球精 1# 球团 1 200 ℃（放大 100 倍）　（b）南区姑球精 1# 球团 1 200 ℃（放大 200 倍）

（c）南区姑球精 1# 球团 1 230 ℃（放大 100 倍）　（d）南区姑球精 1# 球团 1 230 ℃（放大 200 倍）

亮白色—赤铁矿；深灰色—铁橄榄石；黑色—孔洞

**图 5 - 16　南区竖炉姑球精 1♯球团微观结构**

图 5 - 17 为南区竖炉姑球精 2♯ 球团的代表性显微结构图,与图 5 - 16 相似, 球团内的主要物相为赤铁矿和铁橄榄石。1 200 ℃条件下,部分区域的赤铁矿连晶 较差,以赤铁矿颗粒与铁橄榄石黏结相为主。1 230 ℃时,球团内赤铁矿晶粒较 1 200 ℃时粗大,且更好地连晶成片。

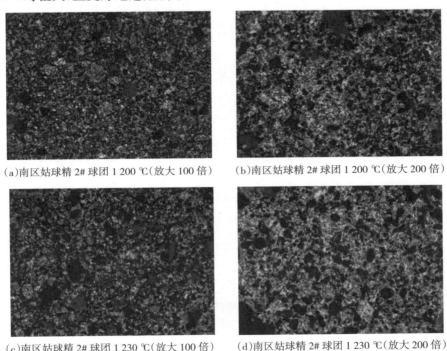

(a)南区姑球精 2# 球团 1 200 ℃(放大 100 倍)　　(b)南区姑球精 2# 球团 1 200 ℃(放大 200 倍)

(c)南区姑球精 2# 球团 1 230 ℃(放大 100 倍)　　(d)南区姑球精 2# 球团 1 230 ℃(放大 200 倍)

亮白色—赤铁矿;深灰色—铁橄榄石;黑色—孔洞

**图 5 - 17　南区竖炉姑球精 2♯ 球团微观结构**

图 5 - 18 为南区竖炉姑球精 3♯ 球团的代表性显微结构图,球团内的主要物相 为赤铁矿和铁橄榄石。1 200 ℃条件下,球团内颗粒状赤铁矿物相量增加,连晶状 赤铁矿减少,部分区域的赤铁矿连晶较差。提高温度至 1 230 ℃时,球团内赤铁矿 晶粒较 1 200 ℃时粗大,开始连晶成片,形成圆形孔洞。

图 5 - 19 为北区现场球团和北区基准方案投笼球团的代表性显微结构图,球 团内的主要物相均为赤铁矿和铁橄榄石。球团内均呈现出赤铁矿晶粒发育充分、 连晶发达、孔洞较大的特点,两种球团在矿相上无明显差别。

（a）南区姑球精 3# 球团 1 200 ℃（放大 100 倍）

（b）南区姑球精 3# 球团 1 200 ℃（放大 200 倍）

（c）南区姑球精 3# 球团 1 230 ℃（放大 100 倍）

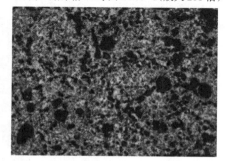

（d）南区姑球精 3# 球团 1 230 ℃（放大 200 倍）

亮白色—赤铁矿；深灰色—铁橄榄石；黑色—孔洞

图 5 - 18　南区竖炉姑球精 3♯ 球团微观结构

（a）北区现场球团（放大 200 倍）

（b）链窑基准方案球团（放大 200 倍）

亮白色—赤铁矿；深灰色—铁橄榄石；黑色—孔洞

图 5 - 19　北区链窑现场及链窑基准方案球团微观结构

图 5-20 为北区链窑4♯～6♯姑球精球团微观结构,球团内的主要物相均为赤铁矿和铁橄榄石,并未发生改变,但赤铁矿的结晶形态由以连晶状为主,逐步转化为以局部聚集的颗粒状为主,赤铁矿连晶现象减弱,孔洞也明显减少,这是球团焙烧温度偏低的表现,从宏观上表现为球团强度降低,与实测球团强度的规律相匹配。

（a）北区 4# 姑球精球团（放大 200 倍）

（b）北区 5# 姑球精球团（放大 200 倍）

（c）北区 6# 姑球精球团（放大 200 倍）

亮白色—赤铁矿;深灰色—铁橄榄石;黑色—孔洞

**图 5-20　北区链窑 4♯～6♯姑球精球团微观结构**

### 5.4.3.3　球团还原膨胀率与还原度

球团的还原膨胀率和还原度在安徽工业大学焦炭与铁矿石冶炼性能检测实验室按国标进行检测,检测结果见表 5-32 和图 5-21。

表 5－32　球团的还原膨胀率与还原度

| 球团 | 还原前体积/cm³ | 还原后体积/cm³ | 还原膨胀率/% | 还原度/% |
|---|---|---|---|---|
| 南区球团现场球 | 23.456 | 26.118 | 11.35 | 60.98 |
| 南区竖炉基准 | 25.786 | 28.586 | 10.86 | 62.37 |
| 1#球(5%) | 22.653 | 25.090 | 10.67 | 60.79 |
| 2#球(10%) | 24.257 | 26.816 | 10.55 | 60.71 |
| 3#球(15%) | 22.293 | 24.587 | 10.29 | 60.21 |
| 北区现场球 | 24.129 | 27.037 | 12.05 | 59.87 |
| 北区链窑基准球 | 23.546 | 25.703 | 11.16 | 61.22 |
| 4#球(6.25%) | 22.156 | 24.564 | 10.87 | 60.77 |
| 5#球(9.09%) | 23.723 | 26.219 | 10.52 | 60.14 |
| 6#球(11.76%) | 24.548 | 27.086 | 10.34 | 59.78 |

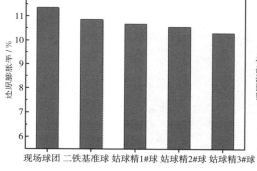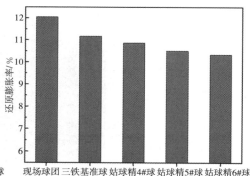

图 5－21　球团矿还原膨胀率的变化趋势

由表 5－32 和图 5－21 可知,南区、北区投笼基准球团和姑球精球团的还原膨胀率变化不大,随着姑球精配比的提高,呈现出膨胀减小的趋势,主要是球团内原生赤铁矿逐渐增加,在还原过程中较为稳定,使还原过程中的晶格膨胀受到抑制,宏观上表现为膨胀率减小。南区球团的膨胀率与北区球团的膨胀率相当。

南区、北区球团的还原度随时间的变化趋势如图 5－22 所示。与现场球团还原度相比,南区、北区基准投笼球团的还原度略偏高,但随着姑球精配比的提高,球团还原度降低。各种球团的还原度与还原时间的关系相近,无明显区别。

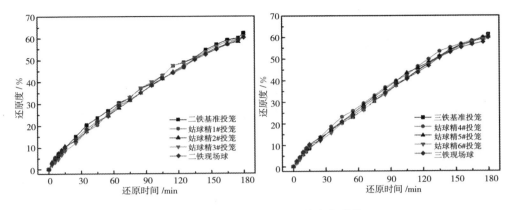

图 5 - 22　球团还原度随时间的变化趋势

## 5.4.4　小　　结

（1）工业投笼试验表明，得益于笼子的保护，投笼球团经受生产过程的各种冲击变化更小，使得球团整体强度较现场球团高 300～600 N/P，且干球投笼较湿球投笼有更好的结果，球团强度更高。姑球精 2♯、姑球精 3♯球团高强度区强度较基准球强度分别降低 144 N/P 和 346 N/P，与实验室试验趋势一致，强度下降幅度也基本相当。姑球精 4♯～6♯干球投笼成品球的强度分别降低 91 N/P、176 N/P 和 282 N/P。说明姑球精的使用对球团强度有一定程度的不利影响，但球团强度降低的幅度不大，生产中可通过适当调整焙烧温度等工艺参数，使球团强度达到与基准方案球团相当的强度。

（2）与现场球团相比，南区球团、北区投笼基准球团和姑球精球团的 FeO 含量和 S 含量略有偏高，这主要是因为投笼球团被约束于球笼之中，其自由度较现场球团要差一些，这是周边氧化气氛略差导致的。随着姑球精配比的增加，球团的品位呈降低趋势，球团的 $SiO_2$ 含量呈提高趋势，但变化的幅度不大，球团的 CaO、MgO、$Al_2O_3$ 含量变化较小，无明显差别。

（3）球团矿中主要的物相包括赤铁矿和铁橄榄石，赤铁矿再结晶黏结成片，是球团具有较高强度的主要原因，球团内深灰色铁橄榄石零星呈单片、板状分布，对周边的赤铁矿连晶起到黏结作用。随着姑球精配比的提高，球团中局部团聚状赤铁矿增多，赤铁矿连晶成片状态减少，导致球团强度降低。适当提高球团焙烧温度,可使球团连晶发育改善、球团强度提高。

(4)南区竖炉球团、北区链窑投笼基准球团和姑球精球团的还原膨胀率变化不大,随着姑球精配比的提高,呈现出膨胀减小的趋势,南区竖炉球团的膨胀率与北区链窑球团膨胀率相当。与现场球团还原度相比,南区竖炉球团、北区链窑基准投笼球团的还原度偏高一点;但随着姑球精配比的提高,球团的还原度降低。

## 5.5 结论与建议

### 5.5.1 结 论

(1)姑精为赤铁矿精矿,低铁高硅高磷($SiO_2$ 10.92%,P 0.33%)矿,比表面积较小($<1\,500\,cm^2/g$),但具有优等成球性,可以用于球团生产,但需要控制使用量。和睦精比表面积指标偏低($<1\,500\,cm^2/g$),造球性能较差,生产时需与比表面积大的精矿配合使用。白象精成球性优等,和睦精成球性良好。马钢生产用膨润土中,飞尚膨润土的膨胀容、吸蓝量和蒙脱石含量好于康泰膨润土,康泰膨润土在胶质价和吸水率方面占优,两者属于性能普通的球团黏结剂。

(2)姑精配比对姑球精的品位影响较大。其关系为,姑精配比每提高1%,姑球精 TFe 下降0.074%;在姑球精 TFe 为65%的要求下,姑精配比极限为13.3%。实验室润磨时间与混合料中的$-0.074\,mm$粒级含量和生球落下强度呈近似的线性正相关关系,当润磨时间达到90 min 时,相应的生球质量可达到满足现场生产要求的水平。姑精矿与磁铁精矿相比有更好的润磨性能,相同生球制备条件下,添加姑球精1#的生球与基准配比生球相比,生球质量相当;添加姑球精2#和3#的生球质量较南区球团竖炉基准配比生球质量明显改善。添加姑球精4#~6#的混合料润磨后$-0.074\,mm$粒级含量均有小幅提高,所得生球质量与北区链窑基准配比球团性能相当。

(3)竖炉、链窑基准方案中,球团适宜的预热温度为950 ℃,预热时间为18 min,焙烧温度为1 200 ℃,焙烧时间为20 min。该条件下,竖炉和链窑基准球团平均抗压强度分别可达3 192 N/P 和3 777 N/P。

在相同的预热焙烧条件下,添加姑球精的球团强度较竖炉基准配比球团强度有一定降低,在姑球精中每增加 5%的姑精,球团强度下降约 70 N/P。通过提高焙烧温度,可以使 1♯~3♯姑球精球团达到与竖炉基准球团相同的抗压强度,使姑精得以用于竖炉球团生产,实现资源的合理利用。

在链窑基准配比基础上配加姑精(赤铁矿)对球团强度影响更大。总体上,在姑球精中每增加 4%的姑精,球团强度下降约 327 N/P。通过适当提高焙烧温度,可以使 4♯~6♯姑球精球团达到与基准二球团相同的抗压强度,使姑精可以用于链窑球团生产。

(4)工业投笼试验表明,投笼球团未经过多次转运,生球和干球的原始强度保持良好,且在预热焙烧过程中得益于球笼起保护和支撑作用,承受的挤压力较小,球团整体强度较现场球团高 300~600 N/P。干球较湿球有更强的抗冲击能力,能更好地保证生球团的完整性,有利于球团强度的提高。

姑球精 2♯、姑球精 3♯球团高强度区强度较基准球团强度分别降低 144 N/P和 346 N/P,与实验室试验趋势一致,强度下降幅度也基本相当。姑球精 4♯~6♯干球投笼球团的强度分别降低 91 N/P、176 N/P 和 282 N/P。说明姑球精的使用对球团强度有一定程度的不利影响,但球团强度降低的幅度不大,生产中需要通过适当调整焙烧温度等工艺参数,适当提高球团强度,使姑球精球团强度满足生产需要。

(5)与现场球团相比,南区球团、北区投笼基准球团和姑球精球团的 FeO 含量和 S 含量略有偏高,这主要是因为投笼球团被约束于球笼之中,其自由度较现场球团要差一些,这是周边氧化气氛略差导致的。随着姑球精配比的增加,球团的品位呈降低趋势,球团的 $SiO_2$ 含量呈提高趋势,但变化的幅度不大,球团的 CaO、MgO、$Al_2O_3$ 含量变化较小,无明显差别。

球团矿中主要的物相包括赤铁矿和铁橄榄石,赤铁矿再结晶黏结成片,是球团具有较高强度的主要原因;球团内深灰色铁橄榄石零星呈单片、板状分布,对周边的赤铁矿连晶起到黏结作用。随着姑球精配比的提高,球团中局部团聚状赤铁矿增多,赤铁矿连晶成片状态减少,导致球团强度降低。适当提高球团焙烧温度,球团连晶发育改善,可使球团强度提高。

南区球团、北区投笼基准球团和姑球精球团的还原膨胀率变化不大,随着姑球精配比的提高,呈现出膨胀率减小的趋势,南区球团竖炉球团的膨胀率与北区链窑球团膨胀率相当。与现场球团还原度相比,南区球团、北区基准投笼球团的还原度偏高一点;但随着姑球精配比的提高,球团的还原度降低。

### 5.5.2　三合一球团研究建议

(1)与小配比(1%～5%)姑精直接参与球团配矿相比,在矿浆状态下将姑山矿的姑精、和睦精和白象精预先混合成姑球精,可以减小姑精配入对生球及成品球性能的影响。因此,我们建议将矿浆预先混合制备姑球精再用于马钢球团生产作为合理利用姑精的有效途径。

(2)姑球精中的姑精配比为5%、10%和15%,在南区基准方案中,能够满足姑精矿当前和中长期产量消耗的需要。由于链箅机-回转窑和带式焙烧机工艺制度调整相对容易,可调程度也大一点,比较而言,我们更建议将姑球精用于链箅机-回转窑工艺或远景建设的带式焙烧机球团的生产。

(3)姑精的配入对生球性能有一定的改善作用,但对焙烧球强度有一定的不利影响,且随着姑精配比的提高,影响趋于明显。研究表明,延长焙烧时间、提高焙烧温度和提高姑精细度可以在一定程度上改善球团强度。因此,我们建议在姑球精用于球团生产时,应该请球团生产单位对预热焙烧制度进行适当的优化调整,以保证球团性能满足生产需要。

(4)从矿业、球团、冶炼整体角度考虑,姑精应该在成本允许的条件下尽量细磨、优化选矿工艺以提高 TFe 品位,降低 $SiO_2$ 含量;并充分考虑到姑精、和睦精和白象精的细度、亲水性和相对密度等性能的差异,在矿浆混合设备改造和工艺优化过程中加以重视,保证姑球精成分、粒度等性能的稳定性;球团生产配矿时,应从资源合理利用的角度对姑球精的使用适当倾斜,并根据姑球精的性能,优化与之搭配的其他精矿种类及比例,从而使姑精资源得以充分利用,球团生产稳定顺利进行,球团性能得到充分保障。

(5)鉴于目前仅开展实验室造球、预热焙烧及工业投笼试验,在大规模工业应用前,还需要开展工业试验,建议姑山矿按照一定比例配置姑球精2万～3万 t,在生产中替代和睦精和白象精进行生产,考查生球质量、焙烧球团质量和生产稳定性,以进一步确认姑球精用于球团对生产所带来的影响,为下一步设备改造和工业应用提供数据支撑。

# 6

# 姑山赤铁矿高效
# 利用路径

钢铁是国民经济发展的基础原料,是其他材料应用的骨架结构、支撑材料。铁矿石是国家重要的战略资源,铁矿石的消耗量在较长时期内仍将处于高水平需求状态,充分利用好国内资源,尤其是对于复杂难选的铁矿石进行高效利用,对减轻铁矿石对外依存度有着重要的现实意义。

对姑山赤铁矿资源的高效利用,一方面要从支持冶金工业绿色发展的清洁生产、降低碳排放的要求出发,推进"精料入炉"方针,降低钢铁企业碳排放和污染物排放,不断提高铁精矿品位,降低杂质含量,使高炉炼铁生产率提高并减少污染;另一方面要立足现有技术经济条件,面对矿石自身资源禀赋条件,以资源最大有效利用为目的,实事求是定位市场和生产工艺。

## 6.1 姑山赤铁矿工艺和产品路线选择

### 6.1.1 工艺选择

姑山赤铁矿矿石中赤铁矿、褐铁矿浸染密集程度高,部分集合体粒度较粗,赤铁矿、褐铁矿沿粒间常充填大量微细粒不规则菱铁矿和脉石矿物,局部甚至与脉石构成极为复杂的尘粒状构造,属于极不均匀微细粒嵌布范畴,解离困难,是国内难磨难选的赤铁矿。

无论是常规选矿方法,还是焙烧磁选方法,姑山赤铁矿要提高铁品位达到 TFe 含量 61%以上、P 含量 0.01%以下,都需要细磨到 -0.03 mm 85%以上的细度。常规选矿工艺流程复杂,难以将铁品位提高到 64%以上,且回收率不足 65%。对石英与铁矿物紧密结合、矿石硬度 $f=16\sim18$ 的姑山赤铁矿来说,磨矿的消耗高,必然在经济上不具有优势。姑山红矿焙烧磁选也要细磨,焙烧后矿石虽然相对易磨,但焙烧属于高消耗、高排放作业,在环保压力下其应用受到限制。

结合近几年对于姑山赤铁矿选矿工艺流程的优化研究,应用高频细筛分级再强磁选的技术路线,以提高铁品位到 59%~60%、回收率到 70%为目标较为合适。现在生产的姑山赤铁矿精矿的细度一般为 70%左右,技术上再磨矿细度提高到 -0.074 mm 85%也为配入球团精矿做了准备,一举两得,应当是当前技术经济条件下姑山赤铁矿比较现实的选择。采用精矿细筛—再磨再选是一条可行的技术路

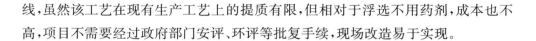

线,虽然该工艺在现有生产工艺上的提质有限,但相对于浮选不用药剂,成本也不高,项目不需要经过政府部门安评、环评等批复手续,现场改造易于实现。

### 6.1.2 "三合一"组合的销售产品选择

即使姑山赤铁矿生产铁品位达到 60%,精矿仍然是比较低的,多年的经营证明独自销售是困难的,由此提出,利用姑山矿业公司生产的和睦精矿和白象精矿(或其他高铁低磷精矿)与姑山赤铁矿精矿混配,按照马钢股份公司的质量要求即铁品位在 65% 以上,就需要和睦精矿与白象精矿的铁品位都达到 66%,配合姑山精矿铁品位 59% 以上。"三合一"球团精研究表明,这在技术上是行得通的,要将白象山精矿铁品位提高到 66% 以上,通过技术改造也是可以做得到的。在选矿、精矿、浓缩、脱水环节实现三种精矿混合,较在高炉中的原料造块干法混合更均匀,质量也更稳定。这对于姑山矿业公司整体上的生产经营也是不错的选择。

## 6.2 应用超细碎工艺结构优化暨粗粒预选研究

姑山赤铁矿矿石硬度大,$f=16 \sim 18$,局部矿石最高硬度超过 18,是否可以应用高压辊磨超细碎技术为后续磨矿提供精料入磨,需要在研究上实现两个突破。一是高压辊磨机的辊面使用寿命。2000 年时曾做过辊面的试验研究,辊面寿命对姑山红矿需要超过 6 个月的生产时间才合适。现在技术和经济有了长足的进步,高压辊磨是否在姑山红矿投入应用还是需要研究的。二是超细碎后在 −5 mm 下的赤铁矿预选将可以大幅度降低选矿成本,适合中细粒的强磁预选设备需要突破。现在 SLon 机在东北地区的应用,据介绍可以达到粗粒预选。究竟其生产运行可靠性如何,还需要考察,也需要姑山赤铁矿进行生产性研究。姑山曾经进行 −6 mm 的上部给矿湿式强磁筒式工业试验研究,但由于当时设备处理量小、现场配置等问题,没有应用。因此,还需要寻找高压辊磨后合适的红矿预选设备。

## 6.3 更高磁场磁选机研究和应用、超导磁选探讨

对姑山赤铁矿磨选工艺的提质研究,还是要积极依靠现代科学技术的发展。

难选赤铁矿的强磁选一直存在需要细磨提高解离度才能提质,又存在细粒、微细粒强磁选回收差而不能细磨的两难境况。现有的强磁选 1.5 T 强磁场,对 $-0.020\,mm$ 的粒度回收有限,而浮选之前用强磁选先脱泥,实际上造成 $-0.02\,mm$ 的粒级金属矿物大部分流失,整个工艺对微细粒效果不好。姑山赤铁矿要提高精矿质量,需要细磨或超细磨以提高解离度,需要提高磁场强度以提高磁选磁力。SLon 强磁设备的背景磁感应强度已提高到 1.8 T,对细粒的回收效果有了进一步提高,期待未来更高场强和新型介质的研究对微细粒赤铁矿的回收效果能有突破性提高。近日,潍坊新力超导公司所研制成功的 5.5 T 低温超导磁选机在欧洲捷克共和国完成组装试机。试运行后发现,该设备质量可靠,产品指标达到客户预期。新力超导公司所生产的低温超导磁选机质量稳定,绿色环保,部分指标优于同类海外品牌产品,受到用户的好评。超导强磁的高场强和新型介质可以有效回收微细粒,是否能够解决姑山赤铁矿的高效回收难题,需要探讨和研究。

# 参 考 文 献

[1]  张洪恩. 红铁矿选矿[M]. 北京:冶金工业出版社,1983.

[2]  熊大和,杨庆林,谢金清,等. SLon-1750 立环脉动高梯度磁选机的研制与应用[J]. 金属矿山,1999(10):23-26.

[3]  钱士湖. 姑山赤铁矿预选工艺的应用及磁选新工艺的探索[J]. 矿业快报,2000(1):5-7.

[4]  赵卿,钱士湖,屈利刚,等. 高压辊磨机新型压辊在姑山选矿厂的应用[J]. 安徽冶金科技职业学院学报,2006(4):28-30.

[5]  翁金红,钱士湖. 螺旋溜槽在姑山选矿中的应用[J]. 矿业快报,2007(9):55-56,75.

[6]  钱士湖,赵文华. 预选技术在铁矿石选矿中的应用[J]. 安徽冶金科技职业学院学报,2008(1):5-7.

[7]  钱士湖. 姑山铁尾矿资源的综合利用[J]. 现代矿业,2011(7):122-123,126.

[8]  陈雯,张立刚. 复杂难选铁矿石选矿技术现状及发展趋势[C]. //第八届全国矿产资源综合利用学术会议文集. 长沙:长沙矿冶研究院,2015:19-23.

[9]  薛世润,钱士湖,李明军,等. 和睦山选矿厂分级磨矿联合作业新工艺的研究与应用[J]. 有色金属(选矿部分),2018(6):62-66.

[10]  刘军,杨任新,王炬,等. 姑山极微细粒赤铁矿石选矿工艺流程改进探索试验[J]. 金属矿山,2018(10):70-75.

[11]  钱士湖,陆虎,李明军,等. ZCLA 选矿机湿式预选和睦山选厂磨前产品工业试验与生产实践[J]. 金属矿山,2018(10):76-79.

[12]  薛世润,钱士湖,开锐,等. 白象山选厂过滤系统效率优化的技术改进与研究[J]. 现代矿业,2019(6):160-161,166.

[13]  王金行,钱士湖,杨松付,等. 白象山选矿厂淘洗磁选机应用实践[J]. 现代矿业,2019,35(2):236-238.

[14]  张贵灿,钱士湖. 悬磁机在马钢白象山选厂的工业试验研究[J]. 现代矿业,

2020(1):229-230.

[15] 张贵灿,钱士湖. 和睦山选铁尾矿综合利用研究[J]. 现代矿业,2022(11):158-159,162.

[16] 杨庆林,钱士湖. 筒式永磁强磁选机分选粗粒赤铁矿的工业试验[J]. 金属矿山,2000(4):37-40.

[17] 曹志良,樊有元,钱士湖,等. 永磁强磁选机在铁精矿提质降杂中的应用[J]. 金属矿山,2002(增刊):222-223.

[18] 钱士湖,王文景,赵振民.改造姑山磨选工艺的设想[J]. 金属矿山,2003(增刊):108-109.

[19] 曹志良,徐克创,钱士湖,等. DPMS永磁强磁选机在选矿生产中应用的新进展[J]. 金属矿山,2004(增刊):217-218.

[20] 钱士湖. 控流密封自降尘导料技术在和睦山高压辊磨厂房的应用[J]. 现代矿业,2014(12):206-207.

[21] 钱士湖,张贵灿. 利用SLon磁选机对和睦山氧化矿降硫的改造[C]. // 2013年全国选矿前沿技术与装备大会论文集. 2013:122-124.

[22] 长沙矿冶研究院,马钢(集团)控股有限公司姑山矿业公司.马钢姑山铁矿选矿技术开发研究报告[R].长沙:长沙矿冶研究院,2017.

[23] 东北大学.马钢姑山铁矿悬浮磁化焙烧—分选小型试验研究报告[R].沈阳:2018.

[24] 安徽工业大学,马鞍山钢铁股份有限公司.马钢赤铁精配入磁精粉的球团生产新工艺开发研究报告[R].马鞍山:2019.